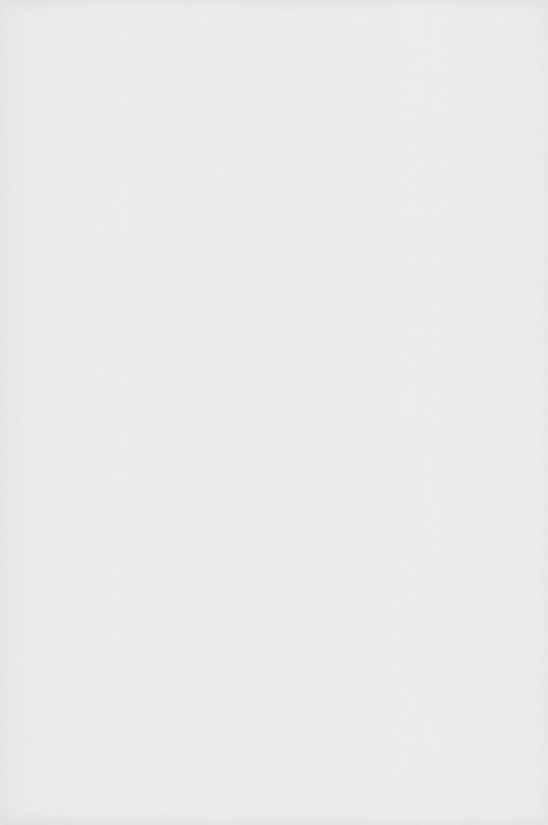

제조기술 끝판왕

Manufacturing Technology

전성교 지음

맑은샘

제조기술 끝판왕

초판 1쇄 발행 2018년 04월 30일
초판 3쇄 발행 2023년 09월 05일
지은이 전성교

펴낸이 김양수
책임편집 이정은
교정교열 박순옥

펴낸곳 휴앤스토리

출판등록 제2016-000014
주소 경기도 고양시 일산서구 중앙로 1456 서현프라자 604호
전화 031) 906-5006
팩스 031) 906-5079
홈페이지 www.booksam.kr
이메일 okbook1234@naver.com
블로그 blog.naver.com/okbook1234
페이스북 facebook.com/booksam.kr
인스타그램 @okbook_

ISBN 979-11-961897-9-2 (93550)

독자들께 드리는 글

필자는 80년대 초 캠퍼스 생활, 군대생활 그리고 이어진 복학과정을 통해 공학도의 길에 들어섰고, 학교를 졸업한 후 곧바로 취직이라는 관문에 들어서면서 산업과 기업이라는 환경에서 청년의 삶을 시작하였다. 당시만 해도 공학을 전공한 학생이면 회사에 취업하는 길이 그리 험난하지 않았기에 오늘날 취업 전쟁을 겪고 있는 후배들을 보면 안타까운 마음이 들면서 시대가 가져다 주는 고난을 생각하게 된다.

그룹 공채라는 시험과정을 거쳐 연수과정 그리고 회사 배정이라는 전형적인 절차에 따라 나의 회사생활은 그렇게 시작되었다. 그룹 연수를 거치고 단위회사에서 실시하는 2차 연수과정을 마친 나는 사업부 인사부서에 배치되었으며 간단한 적응훈련을 받고 부서배치 면담을 해야 하는 상황이었다. 당시에는 통상적으로 대학을 졸업하고 입사하면 대부분 연구소나 설계부서에 배치되는 것이 관행이었지만 나는 생산기술을 택했다.

왜 내가 생산부서를 택했는지 지금 생각해보면 뚜렷한 목적이나 철학을 가지고 그런 선택을 한 것은 아니었다. 선택의 이유는 아마도 나의 성장 과정에서 형성된 소영웅주의의 발로가 아니었을까 판단된다. 무엇인가 바닥에서부터 시작하여 톱을 지향해야 한다는 작은 인생관이 그런 결심을 하게 만들었다고 생각하면 조금은 맞는 것 같다.

여하튼 나는 생산기술(이후 제조기술로 명칭 바뀜)에서 근무를 시작하였고 그 분야에서 한번도 직무를 바꾸지 않은 채 근 30년을 제조기술 업무를 한 덕분에 지금 독자들과 이런 만남을 가지게 되었다고 생각한다. 남들이 잘 가지 않는 길에서 나만의 독창성과 전문성(타인의 인정과 관계없이?)을 가지게 되었다는 것에서 나름대로 의미 있는 시간들이었다.

이제 이 책을 출간하면서 독자들에게 말씀 드리고 싶은 것은 이 책에 나오는 내용이나 이슈들이 제조기술의 전부가 아니라는 점과, 내용이 학술적으로 증명을 완료했거나 객관적 가치가 충분히 있어서 시작한 것이 아니라는 것이다. 단지 나름의 경험을 토대로 알게 되고 느낀 점을 공유함으로써 한국 사회의 제조업이 번성하기를 바라는 마음에서 책을 쓰기 시작했고, 제조기술을 연마하고 있는 사람이나 산업공학을 공부하고 있는 학생들에게 조금이라도 참고가 되기를 바라는 진정성에서 출간을 결심했다.

통상 제조업은 개발, 제조, 판매 분야로 대표되기 때문에 회사 내부에서 작동하는 제조기술에 대해서 일반인들은 그 중요성이나 기능을 잘 모를 수 있다. 필자는 이 책이 그런 부문에 있어서 제조기술을 외부로 알리는 Bridge Role이 되기를 기대한다. 제조기술의 개념이나 일의 내용 일부라도 공감이 된다면 그것으로 나의 소임을 다 한 것이라고 생각한다.

또한 이 책은 제조기술 어느 한 분야를 선택하여 깊이 있게 다룬 것이 아니고 제조기술 전반에 대한 내용을 토대로 그 중요성에 우선하여 공유하였으며, 마지막에는 이 책에서 언급한 내용들을 결합하여 Korean Production System을 제시하였다. 그것이 일본의 TPS와 비교하여 무엇이 같고 무엇이 다른지를 찾아내어 한 단계 업그레이드시켜 한국의 제조 표준화를 만들고 싶다는 취지로 글을 마무리하였다.

　필자가 저서를 내는 일이 처음이어서 표현 면에서 어려움이 있었고, 사용한 용어들이 지극히 전문적이라 독자들이 읽고 이해하는데 많은 애로가 있을 것으로 짐작된다. 상식을 늘린다는 생각으로 일독해 주길 독자들께 요청 드린다.

2018년 4월 어느 날

전성교

Content

제조기술
이해하기

01 제조기술이란 무엇인가?

통상 제품을 설계하는 것을 개발이라 한다면 제조기술은 한마디로 작업을 설계하는 것이다. 앞선 시대의 정의에 의하면 생산기술은 공장 레이아웃과 공정을 설계하는 즉 '물건을 흐르게 하는 기술'과, 제품의 조립과 가공을 통해 '물건 만들기'를 하는 기술, 그리고 생산 중인 물건을 지속 개선하는 기술로 나누어졌다. 첫 번째를 공정기술이라 하고 두 번째는 제조기술이라 하며 세 번째를 제품기술이라고 분류한다. 하지만 회사를 운영하는 조직구성에 따라 제품기술은 제조기술에 포함하고 생산기술이라는 용어도 2000년도를 기점으로 광의의 제조기술에 포함하여 분류하고 있다. 이 책에서도 아래 〈그림 1–01〉에서처럼 3가지 기술로 분류는 하였지만, 이 책에서는 모든 기술을 합하여 제조기술로 정의하고 다루기로 하겠다.

물론 제조기술로의 통합에 동의하지 않고 생산기술과 하위기술로 표현된 기술명으로 분류하고자 하는 독자가 있다면 그에 대한 선택은 독자의 몫으로 돌리고자 한다.

〈그림1–01〉 생산기술의 구분

구분	생산기술		
종류	공정기술	제조기술	제품기술
Mission	"물건을 흐르게 함"	"물건을 만들기"	"물건을 고치기"
주요업무	▪ 공장건설 ▪ 공장 레이아웃 설계 ▪ 공정설계 ▪ 신소재 신 공법개발 ▪ 신 공법 양산적용	▪ 제조원가 절감 ▪ 공장 효율향상 ▪ 품질개선 ▪ 자동화설비 ▪ LCIA(간편자동화) ▪ 프러세스&시스템	▪ 재 제작 금형개선 ▪ 신모델 시생산 ▪ 시장 품질개선 ▪ 제조사양 만들기 ▪ 제품성능 개선

제조기술에 대한 정의는 회사마다 다를 수 있고, 또 시대가 변하면서 기술의 정의 또한 변해왔으며 앞으로도 새로운 기술명으로 다시 태어날 수 있다고 본다. 문제는 일의 본질이 바뀌지 않는다는 것이다. 새로운 시대정신에 맞게 기술의 실행방법은 진화해 가겠지만 무슨 일을 왜 하는지에 대한 개념은 존속되리라고 믿는다.

광의의 제조기술은 상기 그림에서 설명한 세 개의 기술분야를 합하여 정의하고, 공장을 건설하는 일에서부터 제품을 만들고 배송하는 일, 그리고 원가와 품질을 끊임없이 개선하는 일, 물류와 SCM의 일부까지를 포함한 과정을 하나로 묶는 Total Engineering이다. 여기에 한 가지를 추가한다면 개발 단계에 참여하여 생산설비의 가동효율을 극대화하고 제조실행 시에 발생 가능한 품질문제 및 환경안전 문제를 피드백 하여 양산 시에 발생할 수 있는 실패 비용을 최소화하는 일까지 모두가 제조기술이다.

02 제조기술이 필요한 이유

제조기술은 DFM이나 CFT를 통해서 개발을 리드하고 물건을 만드는 과정에서 제품의 원가, 품질, 납기 등을 지속 개선할 수 있기 때문에 시장을 선도하는 기능을 가지고 있다.

개발이나 마케팅 기능이 제품과 고객을 만드는 일이지만 이는 상품진입 초기의 일로서 지속성에 기반을 둔 제품의 공급 과정에서는 별로 주도적인 역할을 할 수가 없다. 창출된 시장과 고객에게 지속적인 신뢰와 만족을 주는 건 고객에게 전달된 최종 제품에서 발생하기 때문이다.

제조업을 크게 개발 · 제조 · 판매로 나누고 있으나 이는 제조의 힘과 기능을 간과하여 보는 견해일 뿐이다. 일반적으로 제품을 설계하고 개선하는 주체를 개발이라 하고, 제조는 개발된 제품을 만들어 영업부서에 배송하는 역할을 한다.

그렇다면 제품을 언제, 얼마만큼, 어떻게 생산해야 회사의 이윤을 극대화하면서 고객을 만족시킬 수 있을 것인가 하는 질문에 대한 해답을 어디서 찾아야 하는가? 바로 제조기술에서 찾아야 한다고 생각한다(혹자는 이러한 일의 주체가 관리부서라 하겠지만 한계가 있다).

그 당위성을 강조하기 위하여 아래와 같이 그림을 통하여 제조기술의 역할과 미션 그리고 비전에 대한 이정표를 제시해 보았다.

〈그림1-02〉

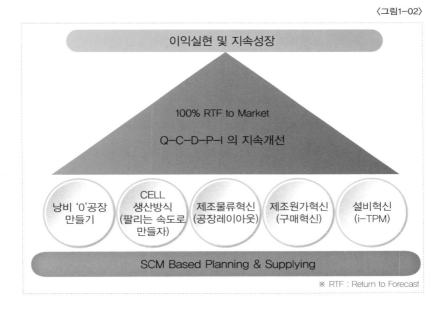

〈그림 1-02〉에서 표현하는 바와 같이 제조기술은 공장의 낭비를 Zero(0)로 만들어가기 위해 사람과 설비의 낭비를 없애고 작업방법의 연구활동을 통해 새로운 방식의 생산시스템을 창조하는 것이다. 그리고 생산과 생산을 연결하는 물류와 프로세스를 개선하면서 제조의 원가를

절감하고 품질을 확보하는 활동을 지속적이며 주도적으로 수행하는 것이다.

다시 말해서 제조부문의 학교와 학생의 위치에서 그때그때 필요한 기술을 가르치고 배우면서 생산과 개선의 사이클을 선순환시켜 강한 제조 경쟁력을 창출시키는 원산지가 되는 곳이다.

똘똘한 자식은 훌륭한 어머니로부터 탄생하듯이 똘똘한 명품은 훌륭한 공장과 제조기술로부터 탄생한다고 믿으며 '와우' 소리가 절로 나오는 'World Best of World First'인 공장, 그런 WOW Factory를 만들어낼 수 있는 기능이 바로 제조기술이다.

따라서 제조업의 구성을 기존의 개발 · 제조 · 판매가 아닌 개발 · 제조기술 · 제조 · 판매로 나누어야 맞는 것이며, 이러한 철학적 개념이 있어야만 제조업의 새로운 경쟁력을 만들어갈 수 있다고 믿고 있다. 독립적이고 차별화된 제조기술을 보유해야만 제조업의 지속성장과 발전을 이루고, 나아가서 이 시대가 진정 필요로 하는 안정적인 고용의 창출과 유지가 가능할 것이며, 습관적인 이익경영을 통해 사업보국을 할 수 있는 힘이 만들어질 것이다.

03 제조기술은 개발-제조-판매를 컨트롤 한다

과거에는 개발부서가 상품기획이나 설계, 검증 회의를 단독으로 운영하거나 제조, 품질 부문을 참석시켜 형식적으로 진행하던 시절이 있었다. 제조기술이 의견을 개진해도 금형 진행이나 기술적인 이유로 차기로 개선을 미루거나 받아들이지 않고 상대적으로 개발단계 진행에 권한이 강한 품질부서 얘기만 들었던 것이다.

제조기술 부문은 대부분 시생산 단계에서 개발 책임성의 품질문제 또는 제조생산성과 관계있는 문제점을 다루는 역할을 하였고, 관련 문제점을 개선하려면 금형을 수정하거나 새로 만들어야 해결이 가능했기 때문에 문제점 개선이 차기로 넘겨지거나 형식적인 개선을 실시함으로써 본질을 개선하는데 시간과 공간의 제약이 발생하여 왔다.

당시에 유행처럼 사용하던 말이 런닝 체인지였는데, 이는 문제점을 알고도 일시적으로 덮어버려 오히려 양산 단계에서 더 큰 문제에 봉착하여 고치고 정상화하는데 추가 비용을 사용하였다. 이런 낭비를 개선하기 위해서는 설계와 기술조직이 금형을 제작하기 전에 상품기획 단계부터 함께 모여 과거의 실패를 조명하고 개선이 필요한 항목을 공유하여 설계 작업 단계에서 반영해야 한다. 특히 양산 과정에서 발생하는 품질, 생산성, 환경안전 등 모든 비용을 앞 단계에서 함께 고민하고 해결하는 아이디어 포럼을 실시하는 것이 지름길이다. 개발의 목표 원가를 달성하고 제조비용을 절감하는 제 설계 보완 기능을 수행하여야 한다.

이와 같이 제조기술에는 제조를 컨트롤하는 기본 임무 이외에도 개발을 리드하거나 컨트롤하는 임무도 있다. 그 중에 대표적인 것이 '상호기능 협의체'라고 할 수 있는 CFT(Cross Functional Team)기능인데, CFT는 신규제품 개발 및 설계 변경 시에 활동하고 공정의 품질 및 생산성을 양산 전에 확보하는 것이 목적이며 이를 달성하기 위한 계획을 수립하고 실행하기 위한 내부 조직간 업무회의체를 말한다.

구성 및 임무는 다음과 같다.

〈구성 및 임무〉

- 업무회의 구성은 팀장의 판단에 따라 개발부문, 생산부문, 자재 · 품질부문 및 협력 업체 또는 고객 요구 시에 고객의 관련 인원도 포함할 수 있고,
- 신제품에 대한 개발 단계별 진행 상황 확인 및 감독할 책임과 부적합 사항에 대하여 개선을 요구하는 등의 권한을 가지게 되며,
- CFT의 활동 항목 내용들에 대해서는 각 부문별 또는 CFT에서 작성하는 것이 좋다.
- 특히 CFT에서는 주로 품질이나 생산성 이슈에 대해 과거 실패사례에 대한 내용을 피드백 하여 재발방지 대책을 세우고 향후 발생할 수 있는 또 다른 잠재 위험 요인들을 부문별로 분석하여 사전 설계강화 방안을 만든다. 이때 사용되는 기법이 FMEA와 같은 특성 요인도(FMEA: Failure Mode and Effect Analysis)이다.
- CFT는 개발기간 동안에 상시 운영을 하는 것이 좋고, 품질, 원가, 생산성 이슈에 방점을 둔다.

이런 CFT를 효과적으로 수행하기 위해서는 각 부서에서 Best Member가 참여해야 하고 팀장은 제조기술 부서에서 맡아야 하며 전원의 참여도와 성실성이 요구된다. 리더십이나 참여자의 책임감과 성실성이 부족할 경우에는 오히려 문제의 책임을 떠 넘기는 조직으로 전락할 수 있음으로 운영상의 전략이나 사전 공감이 필요하다.

CFT와는 별개로 신모델 개발단계에서 제조기술이 수행하는 중요한 기능 중 하나가 DF**X**이다. DF**X**는 Design for **X**(즉 X를 위한 설계)의 뜻이며, 분류에 따라 DFM, DFT, DFSS 등이 있다.

M은 Manufacturability(조립성 또는 제조성)를 위한 설계의 뜻을, T는 Testability(검사성)를 위한 설계의 뜻을 나타내는데 이것은 검사를 하는데 있어 작업의 편리성과 정확성을 확보하기 위한 것이다. 또한 DFSS는 Six Sigma를 위한 설계를 의미하는 것으로써 **X**의 버전을 필요에 따라 다양하게 구분하여 활용할 수 있다.

이와 같이 제조기술은 제조공정만을 개선하는 조직이 아니고 그것의 근본적 목적을 달성하기 위해 개발단계에 참여하여 양산 앞 단계에서 적극적인 개선활동을 함으로써 고품질 저비용 구조의 제조를 실현하기 위한 기틀을 구축한다.

DFX활동이 성공을 하기 위해서는 각 부문의 과거 실패사례라든지 더 좋은 아이디어들을 잘 정리하여 체크리스트를 만들어야 한다. 제품의 품질을 저하시키지 않는 범위에서 개발을 설득하고 추진하려면 나름대로의 합리성이 필요하고 협상력을 제고시킬 수 있기 때문이다.

이 밖에도 제조기술이 개발을 리드해야 하는 이유는 제조과정에서 생길 수 있는 안전사고와 환경오염 문제를 예방하여 작업자를 보호해야 할 의무와 책임이 있기 때문이다.

제조기술이 제조, 개발 외에도 판매부문을 어느 정도는 리드하고 컨트롤 해야 한다.

영업은 시장의 수요를 정확히 파악하여 정도 높은 Forecast를 만들고 이를 제조에 피드백하며, 제조기술은 자재, 생산능력, 리드타임 등 보유한 자원을 점검하고 결과를 바탕으로 공급 가능한 물량을 영업에 통보한다. 이러한 과정과 절차가 RTF(Return to Forecast)이다. 이런 과정에는 APS 시스템과 SCM 프로세스가 있으며(뒤에서 추가설명 예정임) 여기서 제조부문의 핵심기능은 어떠한 노력을 해서라도 Forecast대로 RTF를 만들고 RTF대로 생산하여 영업에 공급한다는 사명감이다. 이러한 순환구조가 만들어지지 않으면 전체 공급망에 혼란을 줄뿐 아니라 '제조판매 일체회사'로서 생명력이나 경쟁력을 상실하게 될 것이다.

이러한 프로세스에서 영업의 요구사항을 100% 수렴할 수 있는 대책을 세우고 개선하면서 공급량을 정하고 생산계획을 만들어 실행함으로써 영업이 잘못된 공급 오더를 내리지 못하도록 제어하는 것 또한 제조기술의 역할이라고 할 수 있다.

아래에 영업의 수요와 자원점검, RTF생성 및 생산계획 전 과정에 대한 프로세스를 그려보았다.

〈그림1-03〉

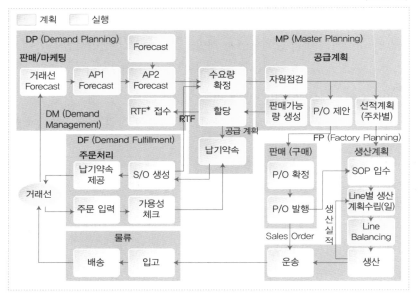

04 공장의 Q-C-D-P-I를 개선하는 주인이다

내가 S사에서 근무하던 시절 존경했던 최고경영자(CEO)께서 늘 말씀하셨던 "경영은 자원과 프로세스의 관리이며 혁신의 연속이다."라는 정의가 지금 나의 기억 속을 맴돌고 있다. 경영이라는 개념을 19개 글자로 요약하여 군살 없이 풀어낸 그분의 경영철학이었는데 그때 나는 정말 큰 감명을 받아서 직접 쓰신 도서『초 일류로 가는 길』상하 두 권을 숙독하였다. 그때 그 말의 참뜻과 더불어 역사와 산업발전의 상호관계를 조금이나마 터득하게 되었고, 제조경쟁력이 무엇인지를 공부하게 된 동기가 되었다.

이 시점에서 그 말을 제조기술이라는 울타리 안으로 끌어 들여 생각해 보자. "제조기술은 생산에 필요한 자원과 프로세스의 관리이며 혁신의 연속이다"라는 말 아니겠는가. 시간이 흐른 이 시점에서 다시 생각해 보아도 간결하고 정확한 정의이자 더 깊은 공부와 성찰이 필요한 내용이라고 생각한다.

제조는 품질, 원가, 납기, 생산성 그리고 인프라를 어떻게 개선하고 발전시켜 나가느냐에 따라 글로벌 경쟁력을 확보하고 경쟁사와의 비교우위에 설 수 있는 핵심이자 팩트이다. 이 다섯 개 요소를 경영의 목표로 삼고 끊임없는 연구와 개선을 실시하는 주체 또한 제조기술이다. 영문의 이니셜로 표현하면 Q-C-D-P-I가 되는데 각각 Quality-Cost-Delivery-Productivity-Infrastructure의 뜻이다. 이중 Infra는 제조현장의 환경안전과 시스템, 5S3정과 같이 공장의 기본을 구축하는 제조현장의 문화라고 할 수 있다.

제조와 관련된 모든 연구와 개선은 QCDPI을 Target으로 하면서 동시에 개선의 결과 또한 QCDPI로 성과가 나타나야 한다. 그래야만 경영효과로 연결되어 개선활동에 투입된 비용회수가 되고 지속적인 지원과 끊임없는 개선활동이 가능해지는 것이다.

이 다섯 가지의 구성 요소 중 품질(Quality)은 생명과도 같으며 "불량은 인체의 암과도 같은 존재다." 이것은 백 번을 강조해도 부족함이 없는 진리라고 받아들여야 다음을 이야기할 수 있다.

대부분의 관리자는 단기 경영성과를 위해 코스트 중심의 개선활동을 추구하지만 품질의 받침이 없는 경영은 모래 위에 집을 짓는 것이나 마찬가지라고 할 수 있다. 왜냐하면 품질은 한번 잃어버리면 고객과 시장도 송두리째 잃게 돼 회사의 존폐를 좌우하기 때문이다.

다음으로는 원가(Cost) 개선이라 할 수 있다.

경영을 아무리 과학적인 기법을 동원하여 스마트하게 한다고 하더라도 이익이 나지 않으면 경영자는 교체될 것이고, 혁신의 연속성은 보장받기 어려워진다. 원가구조에 대해서는 다음 장에서 설명하겠지만 대부분 제조 직접비용과 제품원가, 그리고 매출원가라는 단계로 올라가며 구분되는데 이는 원재료 재고와 재공품 그리고 완제품 재고 수준에 따라 결과치가 다르기 때문에 재고관리의 중요성이 그만큼 커지고 있다.

운반(Delivery) 부문은 부품창고에서부터 완제품에 이르기까지 공장에서 발생하는 운반과 핸들링에 소요되는 비용과 품질, 완제품을 적재하고 운반하는 방법과 스피드 전체를 경영하는 부분으로 볼 수 있다. 이러한 납품 운반 부문은 제조업에서 품질이나 생산성만큼 중요하게 생각하지 않아서 보통은 숨겨져 있는 게 사실이다. 실제로 공장을 운영하면 필수적으로 발생하는 비용인데도 간과한다는 뜻이다.

마지막으로 인프라(Infra) 부문은 제조현장의 5S3정부터 시작하여 안전에 대한 문제를 개선하고 제조활동을 지원하는 일체의 시스템이 어떠한지 그에 대한 진단과 개선을 실시하는 것이다. 회사 내에서 개선활동이 얼마나 활발하게 이루어지며 관리자나 경영자가 이 부분을 얼마나 중요하게 생각하고 다루는지에 대한 의식과 문화가 제일 중요하다고 생각한다. 담당자 수준에서 아무리 개선을 하거나 개선을 하자고 주위를 설득해도 그에 대한 평가가 없다면 일회성으로 끝나거나 메아리에 그칠 것이라는 생각은 그간의 경험으로도 충분히 알 수 있다.

아래 그림에서처럼 제조부문의 모든 개선활동의 결과를 QCDPI로 분석하여 경영효과 측면의 금액으로 환산된다면 효과가 명확해지고 형식지로서의 가치를 발휘하게 된다. (*형식지: 암묵지와 비교되는 용어로써 개선활동의 내용과 효과를 문서화하여 후배들에게 전해지면서 지속 개선의 동력을 제공하는 문서)

〈도표1-01〉

개선항목	Quality	Cost	Delivery	Productivity	Infra
레이아웃 변경	○	○	◎	○	◎
자동화	○	◎	–	◎	–
시스템 구축	○	○	–	○	◎

보통 개선 활동을 실시한 후에 보고 문서를 보면 현상분석이나 문제점을 도출한 후 이에 대한 개선 대책을 정리하는 형식으로 작성하지만 그러한 개선 결과가 QCDPI에 어떤 효과가 있었는지는 잘 분석하지 않는다. 개선활동을 열심히 해놓고 마무리를 못한 것이다. 자신의 개선활동을 목적과 내용 그리고 그 결과가 무엇인지 분명한 목표의식에서 출발하여 반드시 결과물을 만들어 가는 습관을 갖는 것이 필요하다.

아래 도표는 이와 같은 개선 결과를 정리하는 양식이므로 참고하기 바란다.

〈도표1-02〉

구분	문제점	개선대책	일정	당당	효과분석				
					Q	C	D	P	I
공정									
제품									

Zero 낭비의
공장 만들기

01 IE가 살아야 낭비가 사라진다

낭비를 발견하는 눈

기업활동에 있어서 발생되는 낭비의 종류나 발생원인은 무수히 많은 곳에서 여러 가지 형태로 존재하고 있다. 그리고 낭비의 존재는 제조활동의 흐름을 방해하는 많은 장애 요인이 되어 마치 커다란 빙산덩어리가 숨어있는 것과 같은 현상을 보인다. 눈에 보이는 낭비는 쉽게 드러나지만 눈에 보이지 않는 낭비는 낭비를 볼 줄 아는 눈을 가져야만 알 수가 있다.

따라서, 이러한 낭비들을 드러나게 하여 문제를 개선해 나가는 역량이 제조 회사에서는 중요한 일이며 일상의 업무가 되어야 한다.

오른쪽 그림은 제조를 하는 사람이면 누구나 쉽게 볼 수 있는 그림이다. '눈에 보이는 낭비는 빙산의 일각'임을 표현하는 것이고, 눈에 보이지 않는 낭비, 즉 수면 아래에 존재하는 낭비가 훨씬 많다는 이야기다. 이러한 낭비를 발견하는 능력을 가지려면 제조현장의 많은 경험과 노력이 필요하며 무엇이 일이고, 무엇이 낭비인지를 구분할

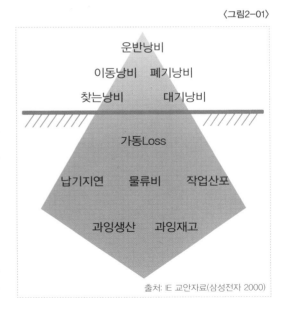

〈그림2-01〉

운반낭비

이동낭비   폐기낭비

찾는낭비   대기낭비

가동Loss

납기지연   물류비   작업산포

과잉생산   과잉재고

출처: IE 교안자료(삼성전자 2000)

수 있어야 한다. TPS에서는 현장, 현물, 현상을 강조한다. 현장으로 가서 현물을 직접 확인하고 현상을 파악한 후에 문제를 이야기하자는 뜻으로, "그럴 것이다" 하는 추측으로는 문제를 해결할 수 없다는 의미로써 지극히 당연한 사상이며 진리이다.

일과 낭비의 구분

일과 낭비는 어떻게 정의하며 그것의 구분은 또 어떻게 하는 것인지 정리해 보기로 하자. 아래 〈그림 2-02〉는 기초과정의 IE를 공부한 사람이라면 흔히 볼 수 있는 그림이다. 제조현장을 IE적 관점에서 바라보면 가장 기본의 단위가 움직임이고 이러한 움직임은 부가가치가 있느냐 없느냐에 따라 일과 낭비로 구분하고 있다.

〈그림2-02〉

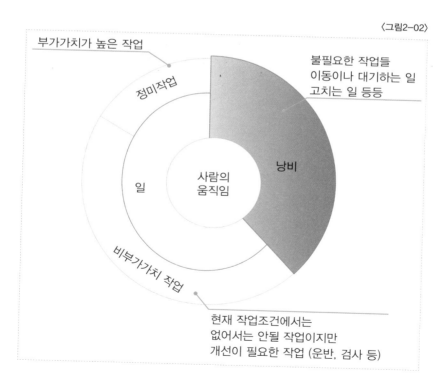

부가가치가 높은 작업
정미작업

불필요한 작업들
이동이나 대기하는 일
고치는 일 등등

일
사람의 움직임
낭비

비부가가치 작업

현재 작업조건에서는
없어서는 안될 작업이지만
개선이 필요한 작업 (운반, 검사 등)

〈그림 2-02〉에서 일에는 부가가치가 있는 정미작업과 그렇지 못한 비부가가치 작업으로 구분된다. 부가가치란 현장에서 사람이나 설비를 움직여 고객으로부터 돈을 받을 수 있는 것이고, 비부가가치는 일은 일인데 언젠가는 바꾸거나 없애야 하는 것이자 고객으로부터 돈을 받을 수 없는 일을 뜻한다. 주로 검사 작업이나 운반 등과 같은 일이 여기에 포함된다.

〈그림 2-02〉의 오른쪽의 낭비는 사람이나 설비의 움직임에서 일로 평가될 수 없는 나머지를 가리키는 모든 동작이다. 가장 최우선으로 개선해야 하는 대상이며 주로 이동이나 대기낭비가 여기에 속한다. 제조현장에서 흔히 있는 작업을 예를 들면 나사를 조인다든지 조립을 하는 작업은 순수한 부가가치 작업이라고 할 수 있다. 그러나 나사를 조이기 위해서 손으로 가져 온다든지 드라이버를 잡는 것은 비부가가치 작업일 수밖에 없다. 그리고 사람, 설비 모두 열심히 일을 하여 제품을 만들었지만 이것이 불량일 때에도 낭비이므로 즉시 개선을 해야 한다.

필자가 제조현장의 정점 관측에서 경험한 사례로 보면 사람이 작업 중에 일을 기다리며 대기하는 시간이 15%, 그리고 이동이나 운반에 소요되는 시간이 15% 해서 거의 1/3이 이동과 대기를 통해 시간을 허비하는 것이다. 이런 현상을 바꾸어 말하면 제조현장에서 이동과 대기라는 동작만 없애준다면 생산성의 30%는 저절로 향상된다고 할 수 있다.

완제품을 생산하는 공정을 예를 들어 설명하면, 작업해야 하는 제품이 도착하지 않거나(No Work라 부르기도 함), 다음 공정의 작업자가 모두 작업 중이어서 작업을 끝내 놓고도 제품을 보낼 수 없어 기다리는 시간 풀워크(Full Work)가 모두 대기낭비가 된다. 그래서 생산 현장에서 전체가 눈에 들어오는 지점을 선택하여 30분 정도만 바라보고 있으면 어떤 작업자는 열심히 일을 하고 있는데 반해 어떤 작업자는 일어서서 주위를 두리번거리거나 옆의 사람에게 말을 걸며 놀고 있는 것을 볼 수 있다. 이런 일들이 빈번이 발생하거나 시간이 길어지면 길어질수록 그 현장은 낭비로 가득 찬 현장이며 즉시 개선활동을 해야 하는 대상이 된다.

IE(Industrial Engineering)는 이러한 동작들을 연구하여 현장에서 낭비가 사라지도록 하는 것이며 돈 들이지 않고 생산성을 극대화하는 전문기술이다.

언제부터인가 한국 제조현장에서 IE가 사라졌다는 얘기들이 있다. 필자도 한때는 IE과장으로서 제조현장을 진단하고 개선하는 전담 보직을 수행하며 생산성 지표들을 관리했었고, 새로운 지표(KPI)를 발전시켰던 시절이 있었다.

표준시간을 산출하는 일마저 컴퓨터화 되면서 IE의 필요성과 중요성이 간과되지 않았나 생각한다. 지금이라도 한국의 제조회사는 IE조직을 재건하고 기술을 발전시켜 과학적이면서 숫자로 관리되는 제조현장을 만들어야 한다.

제조현장에 존재하는 7가지 낭비와 개선 전략

앞에서 우리는 낭비를 보는 눈과 사람의 움직임을 일과 낭비로 구분하는 방법에 대해 알게 되었다. 이러한 현장의 낭비는 보통 7가지로 구분한다.

차례로 정리하면 ① 과잉생산의 낭비 ② 재고의 낭비 ③ 대기의 낭비 ④ 운반의 낭비 ⑤ 동작의 낭비 ⑥ 불량을 만드는 낭비 ⑦ 가공 그 자체의 낭비가 된다.

이러한 7가지의 낭비는 무엇이며 왜 발생하고 또 어떻게 하면 제조현장의 이러한 낭비를 제거하여 코스트를 줄이고 품질을 확보하며 스마트한 공장으로 만들 수 있을까?

모든 제조기술인들의 공통된 고민이자 개선의 과제가 아닐 수 없다. 우리는 제조현장에서 나름 많은 개선활동을 하면서 제조기술의 업그레이드를 추진한 성과도 있다. 그런데 가만히 생각해보자. 재고가 많다고 창고나 치장의 부진 재고를 정리하고 그것으로 끝나지는 않았는지, 또 동작의 낭비가 발생한다고 그것을 자동화하거나 작업의 스피드를 강요하지는 않았는지, 현장의 작업자가 대기낭비를 발생한다고 하여 표준재공수(Buffer)를 늘리기 위해 라인길이를 늘리지 않았는지 곰곰이 생각해볼 필요가 있다.

낭비의 유형을 명확히 하고 그것에 대한 근본 원인을 찾는다면 보다 더 체계적인 개선활동이 가능해지며 더 논리적인 해법과 과학적인 개선을 실시함으로써 재발을 억제하는 종합적인 개선이 가능하리라고 생각한다. 위의 7대 낭비는 결론적으로 얘기하면 동기화(同期化) 생산이 제대로 이루어지지 않았거나, 낭비이기는 하지만 당장은 개선이 어려워 뒤로 미루거나 포기한 상태이다. 만약 그것도 아니라면 낭비를 발견하는 역량이 미흡해서일 것이다.

7대 낭비에 대한 항목을 유형별로 분류하고 개선방향을 제시하면 아래 도표와 같이 요약된다.

7대 낭비	문제점	개선방향
① 과잉생산의 낭비	경영의 자원을 낭비하는 것으로 미리 생산하거나 필요분 이상 생산한 결과이다	- 정시 정량 생산체계를 만들고 관리한다
② 재고의 낭비	주로 설비/작업자와 관계된 것으로 낭비를 보는 눈높이가 아직 낮다	- 낭비와 관련된 교육을 강화하고 공유한다 - 사람이나 설비의 동작이 부가 가치가 있도록 체계적인 낭비개선 활동을 실시한다
③ 대기의 낭비		
④ 운반의 낭비		
⑤ 동작의 낭비		
⑥ 불량발생의 낭비		
⑦ 가공 자체의 낭비	설계나 제조기술의 작업지시에 편리하지 않은 작업이 있다.(작업 중인 것도 불필요한 부분이 있다는 인식 부족)	- 설계 변경을 실시한다 - 설비의 운전 프로그램을 개선한다

〈도표2-01〉에서 ①과 ②와 같이 과잉 생산을 하는 것과 재고가 많은 이유는 필요한 시기보다 앞당겨 생산했거나, 필요한 시기에 생산을 했지만 필요한 양보다 더 많이 생산한 결과이다. 생산계획이 잘못된 것인지, 생산계획(Rule)에 따르지 않고 제조에서 자체적으로 실행을 하였든지 둘 중의 하나가 잘못된 것이다. 여하튼 결론적으로는 동기화 생산에 대한 중요도를 인식하지 못했거나 실행력이 부족한 상태라고 할 수 있다. 회사는 이러한 문제를 개선하기 위하여 확정구간을 운영하고 확정구간 내에서는 계획변동이 일어나지 않도록 해야 하며 정시 · 정량 생산이 이루어지도록 규칙을 만들어 강력히 컨트롤해야 근본적인 개선이 가능하다.

③번~⑥번까지 4가지 낭비의 원인은 주로 사람과 관련된 움직임에 관한 낭비로 볼 수 있다.

대기의 낭비는 제품의 연속 흐름이 이루어지지 않기 때문에 발생하였으니 서브공정과 메인공정을 연결하여 일체형 생산라인을 만들든지, 앞 공정과 후 공정 간의 작업의 시작 시간과 끝나는 시간을 같도록 공정과 설비를 배치하고 운영해야 한다. 또한 운반의 낭비는 어찌 보면 As-Is의 필연적 작업이라 할 수 있겠으나 우선은 운반의 거리를 최소화하고 이후 간편자동화를 적용하거나 운반의 작업을 없애는 방법으로 근본적인 개선을 할 수가 있다.

⑤번 동작의 낭비는 작업자가 과도하게 손을 뻗거나 몸을 움직이는 이유를 찾아서 개선을 해주고 자재의 배치도 작업자가 이동하거나 고개를 돌리지 않도록 근접하여 배치 한다. 특히 컨베이어 상에서 가공 후에 물건을 들어 올리고 다시 내려놓는 동작은 반드시 우선하여 없애야 한다. 불량을 만드는 낭비는 불량품을 버려야 되는 낭비와 정상품으로 만드는데 필요한 시간과 비용이라 할 수 있다. 더구나 불량의 원인을 찾지 못하면 예측하기 어려운 규모의 손실이 발생한다.

세 번째 ⑦번 '가공 그 자체의 낭비'는 물건을 가공하는 동작 그 차체가 부가가치가 있어 보이는 것이 문제라고 볼 수 있다. 즉 낭비임에도 낭비로 인식하지 못하는 데에 원인이 있다.

과다한 절삭을 하거나 금형의 문제로 BURR가 발생하여 이를 제거하는 가공은 보통사람에게는 정상적인 작업으로 보일지 모르지만, 개선의 대상이며 충분히 개선이 가능한 일이다. 설계부서와 제조기술이 책임감을 가지고 재료와 시간을 줄여 제조원가를 절감해야 한다.

이상과 같이 모든 낭비는 부가가치의 반대 개념이며 낭비와 가치 중 어느 것을 우리 현장에 남겨야 할 것인가에 대한 올바른 판단이 요구되고 이를 분별하는 인식의 능력을 제고하여 7가지의 낭비로 요약되는 제조현장의 낭비부터 ZERO(0)로 만들어야 한다. 그러기 위해 시스템적인 사고와 낭비의 참 원인을 개선하는 습관과 문화를 만들어가는 것이 중요하다. 또한 이러한 일을 잘 수행하는 사람이 제대로 평가 받는 조직문화를 구축하는 일도 반드시 병행하여 추진해야 한다.

현장 · 현물 · 현상의 3현을 중시하라

3현주의는 '현장에 가서 현물을 보고 현상을 파악하라'는 뜻이다 제품을 생산하는데 3현을 중시하는 이유는 문제발생의 참 원인과 근치대책의 답이 현장에 있으며, 사람의 전문성을 향상시키는데 그 이유가 있다. 무릇 사람들의 특성이 비슷하지만 현물을 보지 못한 기억은 그리 오래 갈 수가 없고 다른 문제발생에 대한 경험적 아이디어를 갖기 어렵다. 또한 책상에 앉아 현장의 문제점을 판단하고 대책을 수립한다면 잘못된 판단으로 인해 또 다른 문제를 발생시킬 수 있으므로 반드시 현장에 가서 현물을 보고, 현상을 파악하는 것이 중요하다. 제조기업의 지속적인 이익의 메커니즘과 경쟁력은 반드시 현장에 있다.

3현을 중시하는 또 다른 이유는 기업은 제조현장에 사람과 물건, 설비라는 커다란 자원을 투입하였기 때문에 이것들을 어떻게 활용하느냐가 기업의 성패를 좌우하기 때문이며 현장 현물에서만 가능한 문제점 발굴과 그것을 해결할 수 있는 제조기술의 노하우가 그 속에 숨어있기 때문이다.

3현을 중시하는 것과 그렇지 않았을 때에 어떠한 차이가 있는지 아래 도표를 통해 알아보자.

항목	3현을 중시하는 경우	3현을 중시하지 않는 경우
불량 등의 문제발견	• 정상과 이상을 누구든지 알 수 있다 • 작고 미세한 이상징후도 발견	• 무엇이 문제인지 정확히 모름 • 큰 문제에 대해 처음만 안다
문제 해결능력	• 이상발생시 3현으로 원인을 규명하고 빠르고 정확한 대책 수립이 가능하다	• 간접부서에 의해 Data가 수집되고 분석됨 • 대책수립에 시간이 걸린다
개선 활동의 특징	• 생산활동 중에 항상 개선활동을 하기 때문에 꾸준하게 생산성이 오른다	• 간접부서에서 작성한 합리화 활동의 일부분을 분담하고 개선에 시간을 알 수 없다
제조기술력의 향상	• 제조기술 전문성이 독자적으로 발전하고 축적된다 • Multi Engineer 육성이 가능함	• 제조기술의 위상이 약해질 수 있다
간접부문의 업무변화	• 현장의 자주관리로 간접인원 성인화가 이루어짐	• 원가절감을 위해 간접업무가 늘어나고 Cost up이 된다
기업의 관점에서 차이	수준 높은 품질, 원가, 납기가 개선되어 기업의 경쟁력 향상	품질, 원가, 납기 수준이 답보 상태이며 생산부문이 경영부문에 종속되기 쉽다

숫자로 보는 낭비

낭비를 발견하는 방법으로 현장에서 눈으로 발견하고 개선하는 방법에 대해 설명하였다.

눈에 의존하지 않는 또 다른 방법으로는 공수분석을 통해 지표를 만들고 지표가 나타내는 숫자를 통해 제조 현장의 낭비를 찾아내고 관리하는 방법이 있다. 어떤 낭비가 있고 왜 발생하는지를 분석하는 일도 어느 것 못지 않게 중요한 일이다. 이러한 지표를 만들기 위해서는 제일 먼저 모든 작업에 대한 표준시간(이하 S/T)을 산출해야 한다.

표준시간을 산출함에 있어서 가장 쉬운 방법으로는 스톱워치를 사용하여 작업시간을 직접 측정할 수도 있고, 작업의 모드를 미리 정해놓은 테이블에 의해 간접적으로 산출하는 PTS(Predetermined Time Standard)법이 있는데, 그 중에서 RWF(Ready Work Factor) 방식과 MODAPTS(MODular Arrangement Predetermined Time Standard) 방식을 대표적으로 사용한다.

특히 MODAPTS는 산업공학(IE)의 하나인 기존 시간 자료법(PTS)의 가장 발전된 형태의 기법으로 PTS법의 제4세대라고도 하는데, 이 산출 기법은 신체 각 부위의 움직임에는 각기 동작 시간에 차이가 있다는 점에 착안하여 모든 근무자의 동작을 21가지 유형으로 분류하고 그에 따른 시간치를 부여하여 표준시간을 산출하고 있으며 1Mod를 0.129초로 환산하여 사용한다.

이렇게 산출된 표준시간은 노동생산성의 모든 지표에 기준자료로 사용되고 분(min) 단위로 관리된다. 지표 산출에 필요한 분 단위 시간을 공수(工數)라고 부르는데 산업공학에서는 매우 중요한 용어이기 때문에 이번 장에서 확실하게 숙지하고 가는 것이 좋겠다.

낭비를 숫자로 관리하려면 먼저 제조현장의 생산성과 관련된 공수와 지표(KPI)를 이해해야 한다. 노동생산성에 대한 대표적인 공수와 지표를 아래 도표로 나타내었다.

구분	용어의 정의	공식
재적공수	재적 인원에 대한 공수를 말함(정규인력 기준)	재적인원×정상작업시간
휴업공수	재적인원 중 실제작업에 투입되지 않은 인원에 대한 공수	해당인원×해당시간
취업공수	실제로 작업에 투입된 인원에 대한 공수	재적공수 - 휴업공수
추가공수	취업공수 이외에 추가로 작업한 공수	해당인원×해당시간
작업공수	작업에 투입한 총공수를 의미한다	취업공수 + 추가공수
실동공수	작업공수에서 유실공수를 제외한 공수	작업공수 - 유실공수
표준공수	소정의 생산량에 투입된 표준시간의 합계이다	Σ(기종별 S/T×생산량)
유실공수	작업자 책임이 아닌 라인정지 공수로서 표준시간 설정 시 여유시간에 포함되지 않은 공수	근태, 회의/조회, 교육/훈련, 자재품절 등

〈도표2-04〉 노동생산성 대표지표

① 작업공수효율	$\dfrac{(S/T \times \text{양품 생산수})}{\text{작업공수}} \times 100$	작업공수= 작업시간× 작업인원수
② 실동율	$\dfrac{(\text{작업공수} - \text{유실공수})}{\text{작업공수}} \times 100$	97% 이상은 되어야 함
③ 유실율	$\dfrac{\text{유실공수}}{\text{작업공수}} \times 100$	3% 이내
④ 실동공수효율	$\dfrac{(S/T \times \text{양품 생산수})}{(\text{작업공수} - \text{유실공수})} \times 100$	90% 이상이 정상
⑤ 인당생산대수	$\dfrac{480\text{분} \times \text{작업공수효율}}{(1-S/T\text{단축율}) \times \text{기준}S/T}$	S/T단축 = 설계 및 자동화 공수 삭감

위의 〈도표 2-03〉은 노동생산성을 관리하기 위해 기본적인 공수의 정의를 정리하였고, 〈도표 2-04〉은 공수를 활용하여 숫자로 보는 낭비를 관리하기 위해 노동생산성을 평가하는 대표적인 지표(KPI)를 정리한 것이다. 그 중에서 낭비가 가장 심한 것을 나타내는 지표(KPI)가 ③번 유실률이다. 유실이란 생산라인이 설비고장이나 자재가 없어 가동을 중단한 상태이고 유실공수는 이러한 정지시간을 합하여 분(min) 단위로 표현

한 것이다.

작업공수효율과 실동공수효율의 차이는 라인정지 시간을 포함하느냐 하지 않느냐의 차이만 있기 때문에 실동공수효율이 100이 되지 않는 것은 라인을 가동하면서도 계속하여 낭비가 발생하고 있다는 의미가 된다. 주요 원인은 공정간 LOB가 맞지 않아 작업자의 대기낭비가 생기고 작업의 산포가 발생하여 표준시간보다 낮은 속도로 작업을 하기 때문에 가동로스가 발생한다.

02 돈 안들이고 생산성을 올리자

통상 생산성 향상을 하라고 오더를 받으면 생산형태의 변경이나 선진사 벤치마킹을 통해 기존의 틀을 바꾸려 하기 때문에 투자 규모를 먼저 생각한다. 노후설비의 교체나 자동화를 고려하기 때문이고, 성능이 좋은 새로운 설비를 검토하기 때문이다. 그러나 돈을 들여서 개선을 하는 일은 누구나 할 수 있는 일이며 그리 어렵지도 않다. 심하게 표현하자면 그것은 기술이 아니라 관리업무의 한 영역일 뿐이다.

이 장에서는 돈을 들이지 않고 현장의 낭비를 개선하여 생산성을 향상하는 일에 대해 생각해 보기로 하자.

LOB율을 올려서 생산성 향상하기

LOB는 2명 이상의 생산라인에서 각자의 작업량 즉 작업에 걸리는 시간이 같지 않기 때문에 누군가는 기다리게 되면서 생기는 낭비이다.

왜 작업자 간 작업량이 같지 않을까? 이는 공정을 설계할 당시에는 어느 정도 비슷하게 작업을 배분하고 작업을 배치하였을 것이다. 하지만 생산을 시작하면서 작업자 간 숙련도의 차이도 발생하고 작업의 변경이 생겨 일부 작업이 추가되고 삭제될 수가 있는데 그때 공정 밸런스를 다시 잡아주는 후속조치가 없었기 때문이다.

이와 같이 LOB율이 100%가 안 된다면 현장은 무조건 가동로스가 발생하는 것이다.

다음 그림을 보면서 LOB율을 계산해 보고 개선방법을 생각해 보기로 하자.

〈그림2-03〉 공정편성표를 통한 LOB 구하기

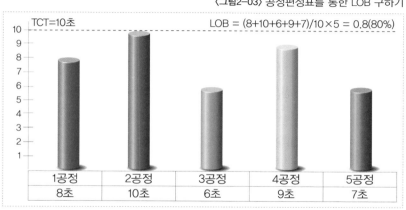

〈그림 2-03〉은 5개의 수작업 공정의 작업시간을 측정하여 그린 공정 편성표이고 그래프에 표기한 것처럼 LOB율은 80%이다. 2번 공정만 목표 사이클타임(Target Cycle Time)과 같은 시간이고 나머지 4개 공정은 TCT에 모자라고 있다. 이럴 경우에는 각 공정의 작업시간을 가장 작은 단위로 쪼개서 작업의 배분을 TCT 10초에 맞추어 재분배하여야 한다. 이렇게 함으로써 결과적으로 1명의 작업자를 돈 안들이고 성인화할 수 있다.

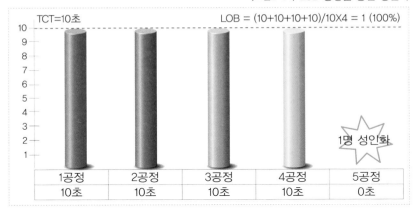

물론 위의 〈그림 2-04〉와 같이 매번 이상적으로 작업이 나누어져 공정배분이 이루어지는 것은 아니다. 그러나 최대한 TCT에 맞추어 작업시간을 채우고 소수점의 인원수가 남으면(예를 들어 〈그림 2-04〉그래프에서 5번째 공정이 0초 < 5번 공정 < 5초)라면 그 작업시간은 또 다른 공정 개선이나 염가자동화를 추진하여 작업자를 0명으로 하도록 소인화를 추진한다.

한 번의 시도로 끝나지 말고 여러 번 반복 개선을 통해 작업자 1명을 성인화하도록 끝까지 개선활동을 실시하는 근성과 고집이 필요하다. 이것이 장인정신의 시작이다.

작업산포에 눈을 뜨고 이것을 극소화하자

돈 안들이고 생산성을 올리는 또 다른 방법으로는 작업산포를 중요하게 인식하고 이를 극소화하는 활동이 있다. 대부분 생산라인을 가동시키면 이론대로 목표 생산량을 달성하지 못한다.

그 이유는 여러 가지가 있겠으나 주요 요인으로는 첫 번째가 각 공정에서 매번 사이클마다 작업에 소요되는 시간이 달라지는 작업산포 때문이며 두 번째는 팔레트를 사용하는 플리플로우(Free Flow)형 컨베이어 생산방식에서 각 공정 별로 작업 시작 시간이 같지 않은 것이 원인이고, 세 번째로는 불량품이 발생하기 때문이다. 이런 이유로 실제 공정을 설계할 때에는 목표 생산량의 달성을 위해 각 공정의 TCT를 10% 정도 짧게 가져간다. 이런 이론 자체가 10%의 로스를 인정하는 결과가 되고 있다.

다음 그림을 참조하여 공정에서 발생하는 작업산포를 이해하고 어떻게 하면 이러한 작업산포를 극소화할 수 있을지 개선방안을 생각해 보자.

〈그림2-05〉 작업산포와 정미작업

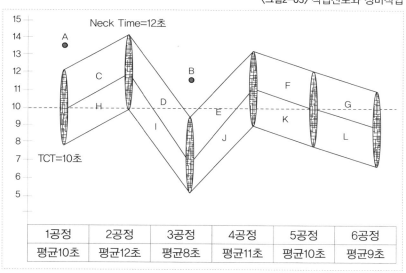

1공정	2공정	3공정	4공정	5공정	6공정
평균10초	평균12초	평균8초	평균11초	평균10초	평균9초

〈그림 2-05〉는 공정에서 발생하는 작업산포를 실제 작업시간을 측정하여 얻은 값을 그래프로 그린 것이다. 직접 제조현장에 나가서 타임워치(Time Watch)를 이용하여 각 공정의 작업시간을 측정하면 대개 유선형의

정규분포를 따른다. 물론 A와 B같이 간헐적으로 발생하는 큰 폭의 산포도 있으나 이것은 작업자가 자재 등을 가져오면서 발생시키는 아주 불규칙적인 시간이므로 별도의 대책을 세워 개선하고 산포에서는 제외하기로 한다.

앞에서 논의한 대로 공정설계를 할 때에는 이러한 작업산포를 정확히 예측하여 계산에 반영하기가 쉽지 않다. 그러므로 이러한 산포에 대한 문제점을 개선하지 않고서는 공정을 설계한 대로 생산실적을 달성하기가 어렵게 된다. 제조 현장의 관리 감독자나 제조기술, IE전문가가 현장에서 작업내용을 관찰하고 어떤 문제로 이러한 작업산포가 발생하는지 참 원인을 파악하여 분석하고 개선해 나가야 한다.

필자가 경험한 것을 토대로 그 원인을 살펴보면 작업 중에 작업자에 이웃하는 설비의 순간 정지에 대한 조치를 한다거나, 작업에 대한 자주검사를 실시하면서 시간을 사용하고, 또 그날의 컨디션도 작업의 퍼포먼스를 저해하는 요인으로 작용하는 것을 여러 번 보았다.

공정개선의 순서

〈그림 2-05〉를 기준으로 현재 공정의 문제점의 심각성에 따라 공정개선을 실시하는 우선순위를 생각해 보자.

제일 먼저 할 일은 그래프에서 목표사이클타임(TCT)이 10초라고 했는데 2번 공정의 평균 Cycle Time(이하 C/T)이 12초이다. 이런 상태로는 작업산포를 고려하지 않는다 해도 절대로 목표 생산량 달성이 불가능하므로 평균 C/T를 10초 이하로 맞추어야 한다.

두 번째로는 그래프의 상방향 작업산포인 C · D · E · F · G의 영역을 극소화하여 평균 C/T에 일치하도록 개선하는 것이며, 세 번째는 작업산포의 하향 영역인 H · I · J · K · L영역은 작업을 더 빨리 할 수 있는데도 목표 작업시간을 늘려 잡은 것이므로 정미작업에 대한 검토를 다시 하여 표준시간을 줄여서 전체적인 공정설계를 다시 하고 작업 인원수를 줄여야 한다.

또한 이런 개선활동을 일회성으로 추진하고 끝내면 효과가 오래 지속되지 못하므로 개선활동의 기본적 사이클인 개선계획 수립 → 실행 → 검증 → 재실행(Plan-Do-Check-Action이라 하고 PDCA로 부름)의 단계를 반복하여 실시하고 반드시 작업산포가 Zero가 되는 제조현장을 만들어야할 것이다.

보통 공정을 설계하는 사람이 간과하는 요소는 제조라인의 유실률과 작업산포 두 가지 이다.

그 결과로 정해진 시간에 열심히 생산활동을 해도 목표달성을 못하고 그 원인 또한 파악하지 않았기 때문에 잔업과 특근을 통해 미달된 생산량을 보충하는 일이 빈번히 발생한 것이다. 반면에 가동로스가 발생을 해도 정량생산을 달성하는 것은 표준시간을 너무 여유롭게 운영을 했기 때문에 낭비를 발생시키면서 생산을 했다고 보는 것이 타당하다.

마지막으로 이렇게 돈을 들이지 않고 라인에서 일상적으로 발생하는 낭비를 개선하여 생산성을 극대화하는 기술이야말로 낭비를 Zero로 만들어가는 과정이며 살아 숨쉬는 제조현장이라고 하겠다.

자동화도 값싸게 구현하자

자동화의 목적은 노동공수를 기계작업으로 대체하여 성력화를 이루고 궁극적으로는 성인화를 통해 제조원가를 절감하는 것이다. 또한 제조현장의 3D작업(Difficult, Dirty, Dangerous)으로부터 작업자를 보호하기 위함이며, 작업산포가 커서 정교한 조립이나 검사를 해야 하는 공정에 자동화를 함으로써 균일작업을 이루고 품질을 획기적으로 개선하는데 있다.

그러나 이러한 자동화에도 초기 투자비 부담과 유지나 교체, 보수비용이 항상 동반 되면서 경영의 부담으로 작용하여 쉽게 투자하기가 곤란한 상황을 간과할 수는 없는 것이다. 또한 투자를 해놓고도 제품의 디자인이나 설계 규격이 변하면 추가 비용이 발생하기 때문에 투자에 대한 ROI(투자자본수익율)를 고려하지 않을 수 없고 투자규모가 큰 시스템 자동화는 투자 리스크가 더 크기 때문에 반드시 자동화가 정답이라고 할 수 없는 이유가 된다.

이런 이유로 최근의 자동화 설비는 저가의 자동화(LCA)로 진화되었고, 단순작업 대체기능을 넘어 지능을 겸비한 간편자동화로 한 단계 더 발전하고 있다.

이런 간편자동화를 LCIA(Low Cost Intelligent Automation)라고 부르는데, 이는 작업 도중 Fool Proof 기능(제7부에서 다룸)을 수행할 수 있고 인간의 감성과 지혜가 담긴 장치라는 의미로 그렇게 부르게 되었으며, 모태는 일본의 '카라쿠리' 인형을 만드는 개념에서 시작하였다.

그런 의미에서 LCA처럼 단순히 가격이 낮은 설비와 구별되는 것이고, 특별히 LCIA라고 부르게 된 데에는 나름대로 추진 방법상의 철학이 담겨 있다는 것을 알 수 있다.

저가(Low Cost)로 만들기 위해서는 유휴설비의 개량·개조를 통해 만들어야 하고 지혜는 설계자의 지혜뿐만 아니라 작업자, 즉 설비 사용자의 지혜가 반드시 담겨야 한다. Automation의 A자는 자동화라는 뜻보다는 오히려 Anti 모터, Anti 공기압의 뜻으로 필요한 동력도 태엽장치나 용수철, 도르래 등과 같이 시중에서 값싸게 판매하는 생활품을 구매하여 사용하고, 위치에너지와 같은 자연계의 힘을 이용해야 한다는 가이드로, 제작에 있어서도 철학적 방법론을 주는 것이라 하겠다. 제조기술인 모두가 공감해볼 필요가 있다고 생각한다.

시장에서 표준설비나 장비를 구매하여 사용하는 경우에도 반드시 사용자의 요구(스위치를 쉽게 사용하도록 위치를 변경한다든지 하는)를 수용하여 간단히 개조한 후 생산공정에 투입하는 것이라는 설명을 듣고 감탄의 공감을 한 적이 있었다.

다음 그림은 LCIA를 지향하는 자동화의 전략적 방향을 제시하고 있다.

〈그림2-06〉 자동화 추진의 전략적 방향

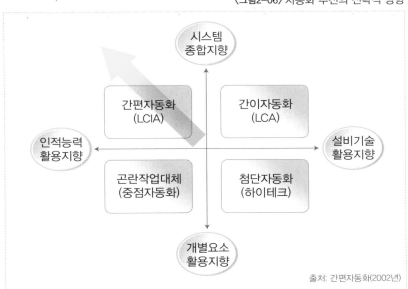

〈그림 2-06〉은 간편자동화의 전략적 위치를 나타내고 이는 시스템 요소를 기반으로 하여 사람의 지혜와 역량을 최대한 끌어 올리는 방향으로 추진되어야 한다는 뜻이다.

이러한 간편자동화이고 보면 이것을 결론적으로 아무리 값이 싼 간편자동화라 할지라도 현장의 낭비를 남겨둔 상태로 그 낭비 작업까지 자동화를 추진한다면 가격도 비싸질 뿐 아니라 적용 후에 효과보다는 낭비를 고착화시키는 결과이기 때문에 개선이 아닌 개악이 될 수 있으므로 추진 전에 낭비작업을 배제하는 활동을 포함하여 아래 도표에서 제시하는 단계별 절차를 숙지하여 추진하는 것이 필요하다.

〈도표2-05〉 간편자동화의 추진원칙 및 절차

① 이상 발생 시 즉시 감지가 가능하여 자동 정지할 수 있게 시스템을 장착한다
② 시간을 끌지 말고 빨리 구체화하여 실행할 것
③ 자사의 가공, 조립방법에 맞춘 사용하기 편한 심플하고 저렴한 가격이어야 한다
④ 고도의 전문성이 필요한 것은 Key Unit을 구입하여 사용한다
⑤ Key Unit 구입이라도 사용자가 편하도록 추가로 지혜를 낸다
  (공구 → 도구화하면 경쟁사보다 비교우위가 가능함)
⑥ 자사에서 개발함으로써 가공, 조립을 변경할 경우에도 Software를 알고 있으므로 간단히 변경할 수 있다

결국 돈 안들이고 생산성을 향상하는 방법은 IE기술를 바탕으로 생각하고 계산하면서 숫자로 개선활동을 하다 보면 일에 재미가 있어지며 무엇을 제대로 했고 무엇을 잘못했는지 스스로 알 수가 있기 때문에 일을 추진하는 사람의 능력도 배가되고 결국은 보람을 느끼면서 현장에 가는 것이 즐거워진다. 작업자에게 소리만 지르며 빨리빨리를 아무리 외쳐 보

았자 일시적인 변화만 있을 뿐 제조현장은 개선되지 않을 것이다.

글로벌화가 진행된 세계 모든 곳의 한국 제조회사를 가보면 '빨리빨리'라는 말이, 가장 잘 아는 한국말이 되었다는 것이 무엇을 암시하는지 제조기술을 하는 사람은 숙고할 필요가 있다. 작업자를 이래라 저래라 닦달하여 작업의 스피드를 올리려고 하지 말고, 무슨 이유로 이동을 하는지, 어떤 문제로 서서 대기하고 있는지를 잘 살펴서 근원을 개선해야 하며, 지시는 한두 번으로 끝내야 한다. 그러면 작업자가 안정감 속에서 사양대로 일을 하게 되고, 작업의 숙련도가 오르면 그만큼 생산성은 저절로 오르게 되어 있다.

03 제조원가의 쉬운 이해

제조원가란 제품의 제조에 소요된 공장 원가를 말하며 공장의 재료비, 노무비, 공장 내의 모든 경비의 합계를 뜻한다. 즉 제품의 경제 가치를 형성하는데 사용된 비용이라고 볼 수 있다. 또한 재료에서 제품에 이르는 과정으로 원가를 표현한다면 총 제조비용과 제품 제조원가 그리고 매출원가로 나뉘어질 수 있는데 이는 손익계산서 부문에서 상세히 다루기로 하자.

일반적으로 표현할 수 있는 원가 구조를 알기 쉽도록 그림으로 표현하면 아래와 같다.

			이윤	매출액 또는 단가
		판매관리		
직접재료비	재료비	제조원가	총원가	
간접재료비				
직접노무비	노무비	가공비		
간접노무비				
직접경비	제조경비			
간접경비				

제조원가를 분류하는 방식의 또 다른 한 가지는 생산물량과 비례해서 발생하는 변동비가 있고 생산물량과는 관계없이 일정하게 발생하는 고정비가 있다. 변동비는 위의 그림에서 좌측 부분의 비용 중에서 직접성 비용의 합이라고 보면 되고, 고정비는 감가상각비나 간접 노무비 그리고 일부 간접 비용 등이 여기에 포함된다.

제조원가 중 재료비를 제외한 비용 즉 노무비와 제조경비를 합쳐 가공비라고도 하고 제조 Over Head라고도 부른다. 판매관리비는 판매비용과 관리비로 나누어지고 판매비에는 포장비와 운반비 그리고 광고·선전 비용이 대표적으로 발생하며, 관리비에는 본사 기능의 사무관리 업무로 발생하는 비용인데 급여, 보험료, 통신비용이 여기에 속한다.

원가를 관리하는 목적은 판가를 결정하는 기초자료가 되고 표준원가를 산출할 수 있으며 경영자원을 숫자로 관리하는 동시에 재무제표를 작성하는데 반드시 필요한 자료가 되기 때문이지만, 무엇보다도 중요한 목적은 이익경영을 습관화하는 데 있다. 원가를 제대로 정확히 알아야 무엇을 개선할 것인지 알 수 있고 혁신활동의 조준점을 명확히 선정할 수 있다. 이러한 원가는 그 사용 목적에 따라 몇 가지로 분류할 수 있다.

첫째는 견적원가로써 실제로 생산한다면 얼마나 되는가 추정하는 원가이며 보통 회사 외에 비즈니스 목적에 필요한 용도이다.

다음은 표준원가이며 이는 현재의 상태에서 주어진 사양이나 규격에 따라 생산했을 때에 기대되는 이론치 원가라고 볼 수 있다.

세 번째 목표원가는 표준원가에서 제조기술력을 동원하여 개선활동을 했을 경우 예상되는 내부 목표원가이며 경영자의 의지 값이라고 해도 좋다. 마지막으로 실제원가라는 것은 해당 기간 생산활동을 한 이후에 실제로 쓰여진 원가이다.

제조기술 부문의 경영방침은 항상 목표원가를 표준원가보다 낮게 잡고 혁신활동을 추진하여 목표를 달성하여야 하며 결국 회사의 이익경영이 습관화되도록 해야 한다. 그것이야 말로 조직의 목적이자 사명감이라고 말하고 싶다.

손익계산서로 원가 이해하기

우리는 제조회사에서 근무하는 동안 자타를 통해 수없이 많은 제조현장의 개선활동을 보아왔다. 개선활동의 결과보고서 또한 수없이 많이 작성을 하였고, 다른 사람의 보고서와 서로 공유하면서 몇 명의 사람을 줄였다. 또한 시간당 생산대수를 몇 대 향상하고, 재고 금액이나 재고 일수는 얼마에서 얼마로 개선해서 원가를 절감했다. 이러한 성과를 놓고 진위 여부에 대한 토론도 많이 하였을 것이다.

또한 관련 회의가 얼마나 많았는가?

그런데 경영차원에서 볼 때 그러한 개선의 결과들이 구체적으로 어떤 비용이 얼마나 줄어서 원가가 얼마나 개선되었는지에 대해서는 정확히 보고하고 이야기하는 사람은 의외로 많지 않았다고 생각한다. 그냥 놀지 않고 결과를 만들어서 그 자체로 만족한 것인지 아니면 질보다 양적인 것이 더 중요했기 때문인지 의아심을 갖기도 했을 것이다.

누가 뭐라 하더라도 개선활동의 목표와 결과는 반드시 QCDPI로 요약되어야 한다. 이런 관점에서 손익계산서를 이해하고 개선활동의 결과를 경영상의 손익계산서로 설명할 수 있어야 한다. 그것이 진정한 제조기술인의 기본 역량이라고 생각한다.

손익계산서는 회사의 재무제표의 하나로써 일정기간 동안 발생할 수익과 비용을 기록하여 당해 기간 동안 얼마만큼의 이익이나 손실을 보았는지 경영성과를 보여주는 보고서이다. 즉, 일정 기간 동안 기업이 생산한 제품이나 매입한 상품을 얼마나 판매 하였으며 그와 관련된 원가구조와 판매 관리활동을 위해 지출한 비용은 얼마인가를 보여주는 것이다.

손익계산서를 통해 회계기간 동안에 회사의 경영성과는 물론 비용의 효율적인 관리여부, 회사의 지속적인 성장성 등에 대한 정보를 얻기 때문에 경영자의 경영 역량을 측정할 수 있거나 경영의 의사결정 자료로 사용되며 회사 외부에 회계결과를 제공함으로써 과세의 기초 자료로도 활용되고 있다.

이러한 손익계산서를 작성하기 위해서는 '제조원가명세서'를 동반 작성하는데 이것은 제품을 제조하는데 소비한 재료비와 노무비 그리고 경비 등의 상세 내역을 표준 양식에 기입해 놓은 것이다. 손익계산서를 이해하는데 좀더 도움을 주기 위하여 먼저 '제조원가명세서'부터 설명을 하고 손익계산서를 이해하는 순서로 진행하도록 하자.

( )월 제조원가명세서

(단위: 원)

계정과목	구분	당기금액	전기금액	비고
Ⅰ. 재료비	①	1,200		
1. 원재료비	②	900		
1) 기초재료재고액	③	600		
2) 당기재료매입액	④	500		
3) 기말재료재고액	⑤	200		
2. 부재료비	⑥	300		
Ⅱ. 노무비	⑦	200		
1) 급여		200		
2) 복리후생비				
Ⅲ. 경비	⑧	100		
1) 감가상각비		10		
2) 전력비		20		
3) 수선비		10		
4) 소모품비		10		
5) 외주가공비 외		50		
Ⅳ. 당기총제조비용	⑨	1,500		
1) 기초재공품재고액	⑩	200		
2) 기말재공품재고액	⑪	300		
Ⅴ. 당기제품제조원가	⑫	**1,400**		

〈그림 2-08〉에서는 한 달간 사용한 제조원가를 명시하였다. 제조원가는 재료비와 노무비 그리고 경비의 총합이다. 재료비는 원재료비와 부재료비를 합한 금액이고 각 재료비는 당월 재료구매 비용에 기초 재료 재고금액이 더해져서 투입되었을 것이고 기말 재료 재고금액만큼 남았으니 이 금액은 사용재료 금액에서 삭감을 해주어야 할 것이다.

즉 당월 재료비는 〈그림 2-08〉에서 원재료비(③+④-⑤)에 부재료비 ⑥을 합한 금액인 900+300=1,200원이 되는 것이다. 여기에 노무비 200원과 경비총액인 100원을 더하면 1,500원이 되며 이 금액이 당기총제조

비용(⑨)이 되는 것이다.

당기 제품제조원가는 기초 재공품이 더해져서 생산을 한 것인 만큼 기초재공금액(⑩)이 더해진 1,700원이 투입된 것이고, 기말에 300원의 재공재고금액이 남았으니 이 금액을 빼주면 최종 1,400원이 되며 이 금액이 ⑫와 같이 당기 제품제조원가가 된다.

〈그림2-09〉 손익계산서

( )월 손익계산서

(단위: 원)

계정과목	당기금액	전기금액	비고
Ⅰ. 매출액	2,000		
Ⅱ. 매출원가	1,200		
1. 기초제품 재고금액	200		
2. 당기 제품제조원가	1,100		
3. 기말제품 재고금액	100		
Ⅲ. 매출 총 이익	800		
Ⅳ. 판매비 및 일반관리비	500		
1. 급여	100		
2. 복리후생비	100		
3. 지급임차료	50		
4. 소모품비	50		
5. 포장비 외	200		
Ⅴ. 영업이익	300		
Ⅵ. 영업외수익	–		
Ⅶ. 법인세차감전이익	300		
1. 법인세	100		
Ⅷ. 당기순이익	**200**		

손익계산서는 〈그림 2-09〉에서 설명한 당기 제품제조원가를 바탕으로 매출원가를 계산한다. 당기 제품제조원가 1,100원에 기초 제품재고금액 200원이 더해지고 기말 제품재고금액 100원을 빼면 1,200원이 되는

데 이 금액 1,200원이 매출원가가 된다.

또한 매출이익은 매출액에서 매출원가를 뺀 금액이고 〈그림 2-09〉에서는 2,000-1,200=800원이 매출이익이다.

영업이익은 매출이익 금액에서 판매에 사용된 비용과 연구개발이나 일반 관리활동에 사용된 비용(보통 판매관리비 혹은 줄여서 판관비라고 함)을 빼 주어야 하므로 800-500=300원이 되며 여기에 영업 이외의 수익이나 비용을 가감하면 세전 이익이 되는 것이다.

위의 그림에서는 영업외수익이 없음으로 이러한 세전 이익금액에서 법인세 100원을 차감한 금액 200원이 당기순이익 금액이 된다.

이 외에도 금융비용이나 기타 수익금 등이 있을 수 있는데 여기서는 생략하기로 한다.

이상 제품제조원가와 손익계산서를 통해 원가와 경영손익에 대해 알아보았다. 일반적인 경영활동에서 원재료 재고나 재공 재고 또한 제품 재고가 원가에 어떻게 반영되고 있는지에 대해서 알게 되었고, 재고 삭감 활동의 중요성 또한 잘 이해했으리라 생각한다.

CELL 생산시스템 구축으로 공장의 질(質)을 바꾸자

01 기업환경의 변화와 컨베이어 생산의 한계

기업을 둘러싸고 있는 환경은 급격히 변화하고 있다. 글로벌화의 빠른 진전, IT산업의 혁명을 계기로 사람·물건·돈·정보가 자유로이 국경을 넘나들고, 세계가 하나의 거대한 시장으로 변하면서 경쟁이 격화되고, 이에 대응하는 기업은 제조경쟁력의 제고가 시급한 과제로 대두되는 새로운 경쟁의 시대를 맞이하고 있다. 이러한 상황은 만들면 팔리던 시절과는 정반대로 시장의 Needs가 다양화되고 변화의 속도가 빠르며 제품의 수명은 짧아지면서 시장수요 예측이 어렵게 되었다. 이러한 환경에 대응하려면 기업활동 전체의 Speed up과 유연성 확보가 불가결한 상황이다. 이를 위해서는 개발과 제조, 영업이 각각의 최적화에만 몰입하지 말고 시장과 고객을 연결하면서 하나의 흐름 체계로 개발·생산·영업하는 방법을 혁신하고, 창의적인 발상과 Speedy한 의사결정이 가능하도록 조직체계를 강화하여 진정한 경영 혁신을 추구해 나가야 한다.

1910년대에 포드 자동차가 처음 도입한 컨베이어 생산라인은 당시의 배치(Batch)형 Lot생산방식을 크게 혁신하여 비약적으로 생산성을 향상시키고 싸게 만들어 자동차 대중화 생산을 견인하였다. 컨베이어 생산라인은 전체 작업을 세분화하여 단순한 작업을 반복함으로써 작업효율을 향상한 것이며, 작업자가 위치를 이동할 필요가 없기 때문에 부가적으로 생산성이 높아지는 것을 목적으로 하였다. 소품종 대량생산 체제에서는 나름의 장점을 발휘하여 고생산성을 유지하는 수단으로 사용되었지만, 다품종 소량을 원하는 시장의 요구가 생기면서 더 이상 새로운 패러다임의 요구를 반영할 수 없었다.

컨베이어 생산방식은 기본적으로 몇 가지 측면에서 취약점을 가지고 있다.

첫째는 컨베이어 위에서 발생하는 핸들링 공수의 낭비이다.

가벼운 제품을 생산하는 경우 컨베이어로 이동 후 공정마다 작업자가 손으로 들어올려 작업을 하고 다시 작업한 제품을 내려놓는 작업을 반복적으로 하면서 낭비를 발생시킨다.

목표 생산량이 많아서 택트타임(제품 1대 만드는데 걸리는 평균시간)이 짧고 작업자가 많은 경우에는 낭비의 비율이 더 많이 발생하게 되는데 만약 택트타임이 10초이고 각 공정마다 부품취급 시간이 2초라면 20%의 일은 헛된 작업을 한 것이며 버려진 돈이다.

둘째는 공정 편성 로스에 의한 작업자 대기낭비 발생이다.

공정설계를 아무리 잘했다 하더라도 작업자 개개인의 숙련도는 모두 다르다. 생산을 진행하면서 그 차이는 더 커질 수밖에 없으며 차이가 클수록 작업의 균형은 흐트러지는 것이다. 결국 택트타임은 분할된 공정에서 가장 시간이 많이 걸리는 공정을 기준으로 맞추어지게 되어 있고(이것을 Bottle Neck공정이라 함), 아이러니 하게도 가장 속도가 느린 공정에 의해 생산량이 결정되며 그 시간에 다른 공정의 작업자는 여유가 발생하는 것이다.

셋째는 생산라인의 경직화라고 할 수 있다. 컨베이어 라인은 사람을 대체하기 위한 수단으로 자동화 설비를 도입하여 운영하고 있지만 목표 대비 성과가 기대한 만큼 이루어지지 않는 경우가 다발했다. 또한 신제품 투입 시에는 설비의 유연성이 떨어져 추가 투자를 통한 개량·개조를 해야 했고, 심지어 설비를 보살피고 작동 에러를 조치하는 별도의 인력을 필요로 하는 사례도 있었다.

넷째는 단순 반복 작업에 의한 작업자의 권태를 부르고 작업자 개인 간 능력의 차이가 나타나지 않는다. 성취감이나 일에 대한 의욕이 적어서 품질개선이나 작업속도 향상으로의 발전이 이루어지지 못하고 더 이상의 혁신 엔진이 없는 진화의 답보 상태로 유지될 수밖에 없다.

더군다나 작업자 개인의 역량과 성과와는 달리 개인의 연공서열에 의한 보상을 하거나 심지어는 성과와 실적에 반하는 보상이 이루어지는 현상이 발생하기도 했다.

아래 〈그림 3-01〉는 컨베이어 방식에서의 편성로스와 작업자의 역보상에 대한 내용을 보여주고 있다.

〈그림3-01〉

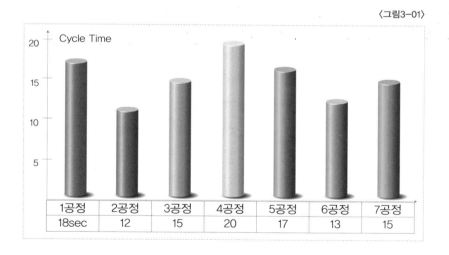

위의 도표에서 LOB(라인밸런스율)을 구하면 (18+12+15+20+17+13+15)/(20×7)×100 = 78.6% 이므로 편성 로스는 21.4%이고, 이를 다른 말

로 표현하면 이상치 대비하여 21.4%의 인력을 더 투입하고 있는 것이다.

또한 2공정의 작업자가 3에서부터 7공정 작업자보다 입사선배라서 급여를 더 받는다면 이것은 일의 성과에 관계없이 차별대우를 받는 것이며 그런 작업자들에게는 어떤 직무 의욕이나 성취감도 있을 수 없다.

이렇듯 컨베이어 생산방식은 생산성 측면이나 사람에 대한 존중심, 양자에서 한계를 드러냈을 때 시장의 변화가 거세게 일어났다. 그 후 모든 제조회사들은 일본의 도요타 자동차 생산 방식인 TPS나 캐논전자, 소니 같은 회사에서부터 시작한 CELL 생산방식을 앞다투어 도입하기에 이르렀다.

사실 CELL 생산방식은 70~80년대 스웨덴 볼보 자동차에서 도입하였다. 이곳에서는 차체를 정지해둔 상태에서 수십 명으로 구성된 팀이 완성차를 조립하는 방식을 사용한 CELL 생산방식을 도입하였는데, 크게 주목 받지 못하다가 90년대 중반부터 도요타 자동차의 TPS를 기반으로 하는 CELL 생산방식이 등장하고, 생산성, 재고, 리드타임(Lead Time) 등에서 비약적인 성과를 올리면서 높은 관심을 불러 일으켰다. '고객이 필요할 때 필요한 만큼 만들어 공급한다' 는 새로운 제조 Framework가 탄생한 것이다. 결론적으로 CELL 생산방식은, 컨베이어 방식이 생산성과 노동의욕의 저하로 다품종 소량화의 변화에 적응하지 못하는 문제점들을 일거에 해결하기 위해 생겨난 것이라 할 수 있다.

이상과 같이 CELL 생산방식으로의 전환은, 시장 환경의 변화에 대응하여 생산과 공급 프로세스를 혁신하는 외적 요인과, 컨베이어 생산 방식의 한계를 극복하여 품질과 생산성을 혁신하고 작업자가 주인이 되는 생산 현장을 구축하고자 하는 내적 요인이 그 출발점이라 할 수 있겠다.

대량생산(Mass production) 방식의 상징이었던 컨베이어라인 대신에 CELL 생산방식은 시작 공정부터 마지막 공정까지 한 명 또는 복수의 작업자가 팀을 구성하여 부품의 가공부터, 조립검사, 포장까지의 모든 공정을 담당하는 생산방식이다. 이는 컨베이어 생산 시스템에서 가지고 있던 작업자의 단순 반복 작업에서 발생하는 창의력 부족과 편성로스에 의한 낭비 등을 제거하고 숙련된 작업자가 CELL 안에서 생산과 관련된 모든 공정을 책임지고 완결하는 생산방식이므로 개인의 성취감과 창의력을 충분히 발휘할 수 있는 생산방식이다.

그러나 이러한 작업을 수행하기 위해서는 작업자의 다능공화가 선결 요건이 되고 작업자 개인 간 선의의 경쟁체계를 만들어 상향 평준화하는 선순환의 구조로 운영되어야 한다.

필자는 이러한 CELL 생산방식을 2000년도 중반에 S사에 도입하고 S사 고유의 CELL 형태를 개발하여 적용하면서 우리만의 고유의 CELL 생산방식을 만들어 보려고 노력하였다.

당시에 일본 경쟁사들도 자기들만의 독특하고 경쟁력 있는 CELL 생산방식을 만들어 회사 내부에서 교육과 진화 발전을 통해 성과를 내는 단계였으며 외부 홍보도 병행하여 실시하고 있었다.

소니의 워크쎌(Work Cell), 마쓰시타의 넥스트 쎌(Next Cell), 캐논의 프리즘 쎌(Prism Cell)이 전파되고 있었고, 도요타의 U-자 CELL은 TPS 역사와 함께 선구적으로 제조 현장에 적용하고 있었다.

이러한 환경을 감안하면 앞서가던 일본의 CELL 도입 회사들에 비하여 한국은 후발로 시작하고 있었지만, 선진사들에게 뒤지지 않는 CELL

을 만들어 도입할 수 있었던 것은 90년대 중반에 3개월 동안 TPS 연수를 받은 경험이 큰 힘이 되었다. 그때 배운 U-자 라인의 개념과 철학은 지금도 잊지 않고 있을 만큼 좋은 경험이 되었다. 비록 짧은 기간이었지만 나에게는 무엇과도 바꿀 수 없는 소중한 시간이자 제조기술인으로서 업무의 큰 자산이 되었던 것이다.

당시에 많은 회사들이 각자의 특성에 맞는 방식으로 여러 가지 형태의 CELL 라인을 개발하여 적용하고 있었다고 하더라도 어떤 CELL에서나 공통점이 있었다. 그것은 사람의 무한능력을 최대한 발휘하게 하여 성과에 따라 대우하고 보상해 주는 제조 현장의 시장경제 원리를 만들어 가는 것이었다.

내가 일한만큼 또 성과를 창출한 만큼 인정받아 성취감을 느끼며 보람을 찾아가는 것이야말로 매슬로가 말하는 자아실현의 단계가 아닐까 생각한다. 한편 작업자의 인권이 보장되고 제조현장이 통제로부터 자율과 자치가 활성화되어 간다는 측면에서는 제조현장의 민주주의 체계가 만들어진 것이라고 보는 시각도 틀리지는 않다.

이런 것들이 CELL 생산방식의 유ㆍ무형적 효과이자 도입 목적이 아닐까라는 의문에 '그렇다'라고 대답하는데 주저하고 싶지 않다. 사람의 능력과 욕구가 모두 다양하기 때문에 획일적인 일의 틀에서는 장기적으로 어떤 만족감도 동기부여도 기대할 수 없는 것이다.

미국의 심리학자였던 아브라함 매슬로 역시 인간욕구를 5단계로 구분하고 가장 아래 단계인 생리적 욕구로부터 시작하여 마지막 단계인 자아실현의 욕구까지 단계를 거치면서 발전해 간다고 하였다. 각 단계에서 욕구 충족이 있어야 그 다음 단계로 올라간다는 뜻이다. 여기에서 우리가 눈여겨볼 것은 마지막 단계인 '자아실현의 단계'이다. 제조 현장의 일을 통해 자아실현을 이루려면 어떤 내용과 어느 정도의 만족과 성취감이 있어야 하는 건지 깊이 생각해 볼 필요가 있다.

〈그림3-02〉 매슬로의 인간의 욕구 피라미드

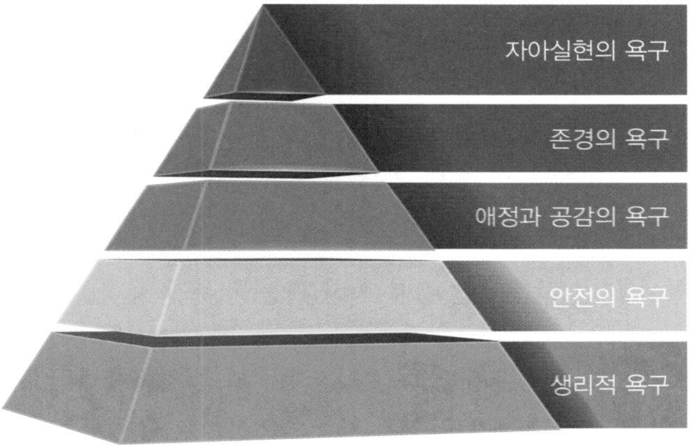

〈그림 3-02〉에서 생리적 욕구는 인간에게 나타나는 가장 기본적이면서도 강력한 욕구로써 피라미드의 최하단에 위치한다. 인간 생존을 위해 물리적으로 요구되는 필수 요소이기 때문에 생리적 욕구가 충족되지 않으면 인간의 신체는 제대로 기능하지 못하고 따라서 생존이 불가능하게 될 것이다. 음식, 물, 성, 수면, 배설 등과 같이 인간의 생존에 필요한 본능적인 신체적 기능에 대한 욕구가 생리적 욕구이다. 이런 생리적 욕구가 충족되면 다음단계인 안전에 대한 욕구가 생기는데, 이것은 두려움이나 혼란스러움이 아닌 평상심과 질서를 유지하고자 하는 욕구로써 안전의 위협을 느낀 사람들은 불확실한 것보다는 확실한 것을 찾게 되며, 전쟁이나 자연재해, 가정폭력과 같은 개인의 물리적 위협으로부터 안전이 보장

되어야 한다는 뜻이다.

이렇듯 욕구의 단계가 피라미드 하단에서 상단으로 이동하면서 자기 존경심에 대한 욕구가 있고 마지막에는 자아실현의 욕구로 이동된다는 이론이며, 여기서 존중은 타인으로부터 수용되고 스스로 가치 있는 존재가 되고자 하는 인간의 전형적인 욕구를 나타낸다. 자아실현 욕구는 자신의 역량이 최고로 발휘되기를 바라며 창조적인 경지까지 자신을 성장시켜 완성함으로써 잠재력의 전부를 실현하려는 욕구라 하겠다.

CELL 생산방식 도입의 또 다른 목적은 분명히 경영혁신에 있다. 어쩌면 이것이 더 중요하다고 생각하는 사람이 있을 것이다. 경영혁신을 통해서 이익이 나지 않는다면 어떤 혁신 활동도 추진 동력을 상실해 가기 때문이다. 그렇기 때문에 CELL 생산방식으로의 대 전환은 경영혁신을 전제로 한 생산의 구조 개혁이 되어야만 하고 이런 전제로의 성공 요건은 다품종 소량생산 체제에서 수주부터 생산 납품까지 일관된 생산 프로세스를 하나의 시스템으로 연결하여 생각해야 한다.

생산을 구성하는 각각의 요소(사람, 설비, 물건, 정보 등) 또한 상호 연계되어 높은 효율을 구현시키고 그 결과로 재고삭감, 생산성 향상, 품질 혁신, 리드타임 단축, 면적생산성 향상, 사람의 질적 향상이 획기적으로 개선되어 지속적인 이익경영이 이루어져야 한다. 이것이 CELL 생산방식이 지향하는 또 다른 목적이다.

지금까지 언급한 CELL 생산방식의 도입 성과가 나오기 위해서는 CELL라인을 지원·운영하는 SUB시스템들이 완벽하게 운영되어야 한다. 단순히 CELL라인을 만들고 생산을 한다고 성과가 바로 나타날 수는 없는 것이다. 주변을 한번 돌아보면 CELL라인에 많은 관심을 가지고 있는 경영자의 지시를 받아 여기저기 벤치마킹을 다니며 짧은 시간에 CELL라인을 만들어 생산을 시작하는 회사들을 보았다. 어떤 회사는 1주일이라는 기간에 이전 설비를 모두 걷어내고 전체를 CELL라인으로 바꾸어 놓는 경우도 보았으며, 그 외에도 불가사의한 일들을 참 용기 있게 잘 해 내는 과정을 보면서 부러움과 동시에 제대로 운영이 될까 하는 걱정을 한 적도 있었다.

03 CELL 생산 방식의 성공 요건

앞장에서 이야기했듯이 CELL라인을 만들었다고 CELL 생산방식이 구축된 것이 아니다. 많은 사람들이 CELL라인만 구축해 놓고 목표대비 성과가 나오지 않자 다시 컨베이어 생산으로 되돌아가는 경우를 보았고, 그것에 대한 개선 지도를 한 적도 있었다. CELL라인 자체는 훌륭하게 구축하여 단위 생산성은 컨베이어 대비 나쁘지 않았거나 오히려 조금은 높게 나오기도 했다. 그러나 투입된 작업자의 수준과 리더의 능력, 생산관리의 대응 능력 등 SUB지원 시스템들이 제대로 작동하지 않았기 때문에 만족할 만한 결과가 나오지 않았고 그래서 CELL라인 가동을 임시 중단하고 다능공 훈련부터 다시 시작하는 절차를 밟아 3개월 후에 CELL라인을 정상화시켰던 활동이 기억이 난다.

한번 더 강조하면 CELL 생산방식은 CELL 생산 시스템이라고 불릴 만큼 고도화된 생산방식이다. 회사의 모든 기능이 유기적으로 연결되어 부분이 아닌 전체 최적화를 지향하면서 각자의 부문에서 최대의 능력을 발휘하고 창의력을 발휘해야만 비로소 성과가 나는 것이다.

또한 시장과 고객의 다양한 요구에 어떻게 대응할 것인가 하는 질문에 명확하게 대답할 수 있는 대응 방법론과 실력으로 기본을 닦고 그 위에 열정과 의지로 무장하여 CELL라인 기술이나 지원 체계와 같은 SUB시스템의 체계를 구축하고 실행계획을 세운 후에 CELL라인을 운영해야하는 것이다. 기초와 SUB시스템이 없이 단순히 CELL라인만 만들어 운영한다면 모래 위에 지은 집과 같이 CELL 생산을 시작했다고 해도 성공을 보장할 수 없다.

다음 그림에 CELL 생산방식의 성공을 위한 SUB지원 시스템 및 운영기술을 하나의 집으로 만들어 제시하였고, CELL라인과 CELL 생산방식 사이의 상호 위치해야 할 자리와 역할을 나타내었다.

〈그림3-03〉 CELL라인과 CELL 생산방식의 구조

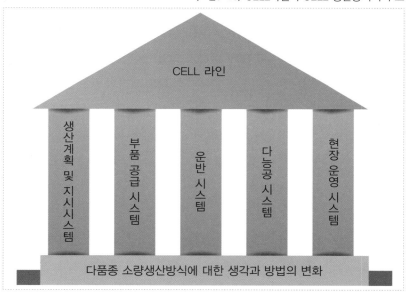

생산계획 및 지시 시스템

CELL라인 운영의 핵심은 자율과 독립이다. 당연히 CELL라인 별로 생산계획과 지시가 내려져야 한다. 시스템 베이스로 동기화하여 생산계획을 수립하든지 도요타 자동차처럼 후공정 인수방식에 준하여 간판방식을 사용하든지 어떤 방법이든 상관이 없으나 수주에서 생산, 납품에 이르는 시간 즉 리드타임을 짧게 하기 위해서는 모든 공정을 시스템으로 동기화시키고 기준정보를 구축하여 생산계획이나 지시를 내리는 것이 유리하다. 당연히 계획과 실적 또한 CELL 단위로 관리되어야 할 것이다.

부품공급 시스템

CELL 생산 시스템이 효율적으로 작동하기 위해서는 부품공급 방식이 중요하다. 컨베이어 방식에서 하던 것과 같이 작업자 주변에 자재를 가져다 주는 것보다는 작업자가 자재에 신경을 쓰지 않고 작업에만 충실하도록 Best Point(작업자의 손 앞에)에 낱개로 혹은 용기 단위로 가져다 주어야 한다. 공급시점은 생산계획에 따른 정시정량 공급방식이 있고 작업자가 벨 소리나 경광등을 켜서 직접 요청하는 방식 등 여러 가지가 있으나, 이러한 수동적 공급보다는 자율적이고 능동적인 공급 방식이면 더 좋겠다. 실제로 이런 시스템을 필자가 회사생활에서 함께 개발하였으며 뒷장 물류시스템에서 소개하고자 한다. (물류시스템 SASS 참조)

운반 시스템

CELL 생산방식에서의 운반 시스템은 소량, 다빈도 혼류 공급을 원칙으로 한다. 공급자의 운반 경로를 미리 설계해 놓고 라인의 택트타임에 맞추어 동기화 공급을 목표로 하면서 부품을 운반하는 사람도 CELL 방식에 대한 전문가로 육성한다. 단순히 자재만을 공급하는 것이 아니라 조립

작업자에게 세밀한 지원을 하고 각 CELL 라인의 정상과 이상을 감지하여 필요한 조치를 할 수 있도록 하며, 오조립으로 인한 작업불량의 일정 부분까지도 책임을 지게 하는 임무 부여가 필요하다. 더 나아가서는 라인 간, 공정 간 상황을 전해주는 정보 전달자가 되고, 라인 전체의 흐름을 원활하게 해주는 감독자 역할까지 해야 한다.

또한 경로 별로 운반시간과 작업시간을 데이터베이스화하여 철저히 IE관점에서 효율성을 따져 낭비 없는 운반작업이 되어야 한다. 작업의 일부를 AGV를 활용하거나 여러 공정에 빠른 공급을 원할 때는 개량형 스마트 카(Car)를 이용하면 된다.

〈도표 3-01〉은 컨베이어 생산방식과 CELL 방식을 비교 분석한 운반방식의 차이점이다.

〈도표3-01〉 운반작업자의 역할 변경

항목	컨베이어 라인	CELL 라인
운반 특징	각 라인 주변에 LOT로 운반	작업자에게 직접 운반
운반 수단	지게차나 대형대차 팔레트	작은 대차나 용기 사용
운반 루트/주기	루트 없고 랜덤공급	루트 설정 후 주기 별 순화 공급
공급 타이밍	여유가 있어서 미리 공급	정확한 타이밍에 맞추어 공급
공급 정보 방식	생산계획이나 작업자 요청	안돈이나 간판 또는 특수시스템

다능공 시스템

CELL 생산방식을 구축하는데 선결적으로 필요한 부문이 바로 다능공의 확보이다. 컨베이어 생산에서는 한 사람이 한 공정만 담당하여 작업을 하지만 CELL 생산에서는 두 개 이상의 공정을 담당하며 1인 CELL에서는 가공에서 검사 · 조립 · 포장까지 한 사람이 모든 작업을 다 해야 하기 때문이다. 이러한 다능공을 얼마나 선행 확보했는지가 CELL 생산방식의 성패를 좌우한다 해도 과언이 아니다.

다능공의 확보는 다능공 육성 프로그램을 만들어 CELL 생산 시작 전에 전략적으로 육성시켜야 한다. 다능공을 확보하지 않은 상태에서 무리하게 CELL라인을 운영한다면 그 결과치가 자칫 컨베이어 생산방식보다 열등하게 나타나면서 회의론이 일기 시작하고 그렇게 되면 강제로 시켜서 하지 않는 한 스스로 CELL 생산을 운영하려 들지 않을 것이다.

다능공의 훈련은 훈련시켜야 할 작업표준서를 만들고 훈련 대상 인력을 파악한다. 그 다음에 다능공 훈련 계획표를 작성하여 입안하고 실시장소 등 훈련환경을 만든 후에 다능공 훈련을 실시한다. 실시한 후에는 별도 평가표를 만들어 평가한 후에 목표 미달 인원은 훈련계획표부터 다시 작성하여 순서에 준한 훈련을 반복 실시 한다.

〈그림3-04〉 다능공 훈련 프로그램

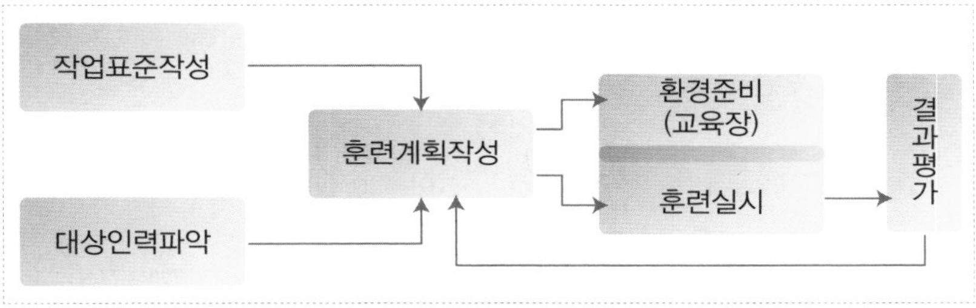

훈련 방법은 제품에 대한 이해력과 작업수행 능력 그리고 낭비에 대한 인식과 품질, 안전의식 부문을 각 부문별로 이론교육과 실기교육 리스트를 만들어 실시한다. 실기교육은 조립에 필요한 요소작업(나사 조임, 커넥터 연결, 라벨 부착, 납땜 등) 별로 나누어 훈련도구나 공구 등을 만들어 훈련장소에 준비해 놓는다. 입사 초년생들을 위한 인큐베이팅(Incubating) 프로세스를 만들어 활용하는 것도 좋은 방법이라 하겠다.

〈훈련항목 리스트〉

①제품에 대한 지식: 제품별 기능이해, 제품사양 및 Module 특성, 자재정보(부품, Ass'y)

②작업수행 능력: 제품별 조립/조정/검사/포장, 설비의 응급조치능력, 요소작업 숙련

③낭비에 대한 인식: 이동/대기 Loss, 비 부가가치 작업 발굴, 5S3정을 Ground Rule화

④품질 안전의식: CTQ, CTF, 품위품질, 골격계 질환 예방, 상시 청소 등

훈련에 대한 평가는 다능공화 정도에 따라 등급을 나누고 등급에 준하여 실제 생산공정에 투입이 가능한 수준의 마크(등급표기)를 부여하여 관리한다. 예를 들어 슈퍼마스터는 전 제품 전 공정에 작업이 가능하고 초기단계 숙련자는 특정 가공 공정에만 투입한다는 회사 내부의 다능공 운영기준을 만들어 놓고 내용을 다능공 훈련자와 공유하여 실시한다.

다음 그림은 다능공 훈련결과에 따른 레벨이고 운영기준에 대한 사례를 들었다.

〈그림3-05〉 다능공 평가 및 관리표

인증 Level	인증 명칭	인증 마크	인증 기준	숙련도
Level 5 ◉	Super Master	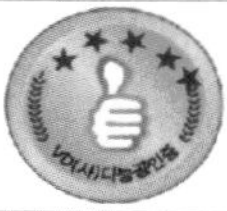	95점 이상 (이론30/실기70)	GBM내 전제품 제조가능수준
Level 4 ●	Master	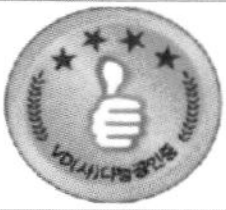	90점 이상 (이론30/실기70)	2개제품 이상 숙련제조 가능
Level 3 ◕	Expert	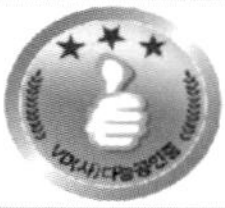	85점 이상 (이론30/실기70)	숙 련
Level 2 ◑	Mature	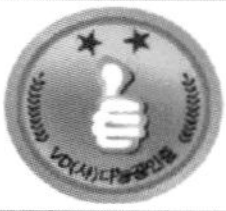	80점 이상 (이론30/실기70)	작업가능
Level 1 ◔	Beginner	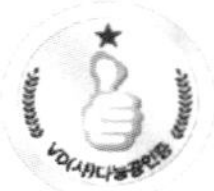	70점 이상 (이론30/실기70)	도움작업

다능공 육성 대상자는 육성 기간별로 상기 그림처럼 다능공화 진척도에 의해 관리하고 어느 기능이 아직 숙련되지 않았는지, 또 언제까지 숙련을 완료할 것인지에 대한 계획도 다음 〈그림 3-06〉 같이 그려서 관리한다.

〈그림3-06〉

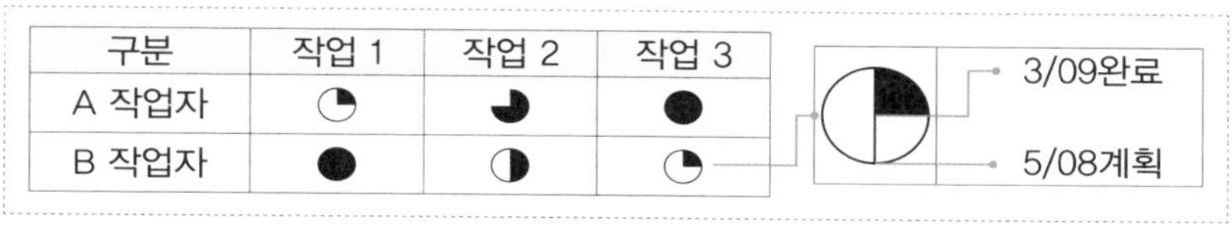

구분	작업 1	작업 2	작업 3		
A 작업자	◔	◕	●		3/09완료
B 작업자	●	◑	◔		5/08계획

이상에서와 같이 다능공 훈련과 평가 그리고 등급에 대한 내용을 참고하여 '다능공 역량 등급제'를 운영한다. 고등급(High Level) 취득자에 대해서는 인사가점이나 별도의 성과급을 지급한다면 사원 개개인에 대한 동기부여가 확실히 될 것이고 향후 다능공 운영에 있어서 등급별 운영에 대한 유연성을 갖게 될 것이다. 고등급자 저등급자 모두에게 보람과 희망을 동시에 줄 수 있는 방법이 아닐까 생각하며 최종적으로 급여와 연계한다면 효과가 배가 될 것이다. 그야말로 회사는 총인건비는 줄이고 개인이 받는 급여는 향상되는 일석이조의 효과가 나타날 것이다.

현장 운영 시스템

CELL 생산방식을 성공시키기 위해서는 현장 운영 기술 또한 프로급이되어야 한다.

수주량 변동 시에 대응을 위한 작업자 이동 및 CELL 운영 수의 조정이라든지 CELL 간 선의의 경쟁체제를 자연스럽게 유도한다든지 그리고가장 중요한 작업자의 능력을 어떻게 최대로 끌어올릴 수 있는지 등에 대한 것이 현장 운영 기술이라 하겠다.

먼저 수주량이 늘어나면 다능공을 추가로 확보하는 일이 제일 먼저 해야 할 일이다. 그 다음 ① 라인 수를 늘리는 방법과, 공장면적의 여유가 없다면 ② 2교대나 3교대를 운영하는 방법 즉 가동시간을 늘리는 방법, ③ CELL라인에 작업자를 추가하여 생산량을 증가시키는 방법이 있다.

반대로 수주량이 감소하면 ① CELL라인의 운영 수를 줄이든지 ② CELL라인의 작업자 수를 줄여 택트타임을 늘리는 방법이 있겠다. 이때 잉여 작업자는 환경안전 교육이나 품질교육 또는 추가 다능공 훈련을 실시하여 미래를 대비해야 한다.

〈도표3-02〉 수주량 변동에 따른 현장운영 대응

수주량	1,000대	1,500대	500대
Capa/Cell	250대	250	125
작업자수/Cell	4명	4명	4 명
1 안	4개CELL 16명	CELL 2개 증설 (6개CELL 24명)	CELL 2개 비가동
2안	상 동	2개 CELL 2교대 (보유4개CELL) (운영 6개CELL) (6 CELL X 4=24명)	CELL Capa감축 (4개CELL X 125대) (4 CELL X 2=8명)
3안	상 동	CELL Capa증가 (4개CELLX375대) (4 CELL X 6=24명)	–

현장운영 기술의 두 번째는 CELL 간, 작업자 간 선의의 경쟁체제를 만드는 것이다.

중국이나 베트남 같이 사회주의 국가에서는 도입하기가 쉽지는 않지만 이 부분에 대해서는 설득과 공감의 리더십이 필요한 부분이다. 선의의 경쟁체제는 철저한 시장경제의 논리라고 할 수 있다. 작업자 개인에게는 숙련도 향상에 따라 등급을 향상시킬 수 있는 기회이며, 회사는 등급 향상에 따른 인센티브 비용이 더 들어가겠지만 종합생산성이 향상되어 전체 인건비를 줄일 수 있는 기회가 되기 때문에 상호 득이 되는 일이다.

현장 운영 기술의 세 번째 항목은 바로 사람의 무한 능력을 현장에서 발휘하도록 하는 일이다. 사람의 능력은 쉽게 측정하거나 속단할 만큼 단순하지도 간단하지도 않다. 만약에 사람의 능력을 판단하는 일이 쉽다면 오늘날 지구상의 역사는 달라졌을 것이며 매일 전쟁을 할 수도, 아니면 그 반대일 수도 있었을 것이라 생각된다. 사람의 능력은 그것을 발휘할 수 있는 마당이 있고 환경이 갖추어지면 놀랄 만큼 커진다. 그리고 어쩌면 자기의 아이디어가 주변으로부터 인정을 받고 기록으로 남게 된다면 그 이상의 능력을 발휘하려고 노력하고 달성하려 할 것이다. 이 부분이 현장 운영 기술에 있어서 가장 중요한 것이라 해도 과언이 아니다.

다시 한번 요약하면
① 사람의 능력은 측정할 수 없다.
② 사람의 의욕을 이끌어내지 못하는 것은 경영의 낭비이다.
③ 사람의 능력은 지식과 경험을 바탕으로 하는 지혜의 창출(지식+경험=지혜)이다.

이상과 같이 CELL 생산방식을 성공하기 위해서는 5가지의 중요한 SUB지원 시스템이 있고 이 시스템을 모두 갖춘 후에 CELL라인을 도입하여 CELL 생산방식을 완성해야 한다.

04 CELL 라인의 설계기법과 운영

CELL라인의 종류에는 작업자의 위치에 따른 분류로 고정식과 순회식 그리고 분할식이 있으며 한 개의 CELL에 몇 명의 작업자가 있느냐에 따라서 1인 CELL, 다인 CELL로 구분한다. 특히 다인 CELL은 검사장비나 고가설비의 가동률을 높이기 위해서 가공조립이나 검사·포장 등의 작업 공정을 블록화하여 만드는 블록형 CELL이 많다.

고정방식

고정방식은 작업자의 이동이 없고 고정된 상태에서 작업을 하는 것으로 대부분 1인 CELL에서 활용되고 있으며 포장마차 형태의 CELL이 주류를 이룬다.

1인 완결형 CELL

한 명의 작업자가 시작 공정부터 마지막 공정까지 모든 공정을 책임지고 담당하는 방식이며 LOB(Line of Balance)율 100%가 보증되는 방식이다.

개별 작업자가 다른 작업자의 속도와 상관없이 독립적으로 작업을 수행할 수 있어 작업효율이 가장 높지만 1인 방식을 하기 위해서는 고도의 숙련작업과 다능공 육성이 필수적이다. 그리고 CELL마다 고가의 장비가 필요할 경우 막대한 투자 부담이 되기 때문에 지혜를 담아 싸게 제작하는 간편자동화(LCIA: Low Cost Automation)가 선결 조건이다. LCIA에 대해서는 뒤에서 상세히 소개하겠다. 처음 시도할 때에는 가급적 공수(S/T)가 적은 제품부터 실시하여 자신감을 확보한 후에 공수가 많고 복잡한 제품으로 진화해 나가는 것이 좋다.

다음 〈그림 3-07〉을 참고하기 바란다.

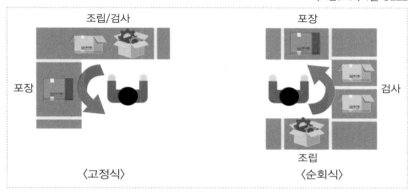

〈고정식〉 〈순회식〉

순회방식

하나의 셀을 1인 또는 복수의 작업자가 차례대로 각개의 공정을 돌면서 작업하는 방식이다. 각 작업자가 공정의 첫 단계부터 마지막 단계까지 순차적으로 작업을 진행한다.

투자비가 적게 들고 장비의 활용도가 높으며 시장 상황에 맞게 작업자를 적절하게 조절할 수 있어서 생산량 변동에 유연하게 대응할 수 있다. 다만 작업자마다 작업속도가 차이가 나며 이로 인해 대기 낭비가 발생할 수 있는 것이 단점이고 작업속도가 가장 낮은 사람에 의해 택트타임이 결정된다. 이것을 극복하기 위해서는 다능공 레벨이 같은 작업자로 편성해야 한다.

또한 작업자 회전 방향은 시계 반대 방향이 유리하다는 학설이 있다. 작업자의 70%가 오른손잡이인데 이런 사람은 오른 다리가 더 발달되어 있어서 왼쪽으로의 회전이 안정적이고 사람의 심장 또한 왼쪽에 있기 때문에 좌측으로 회전하는 것이 심리적인 안정감이 더 있다고 하여 1913년 세계육상연맹에서 시계 반대 방향으로 트랙을 회전하도록 결정했다고 한다.

위의 〈그림 3-07〉에서 오른쪽 그림을 참조하기 바라며 아래 그림은 2인 1조로 대차를 끌고 순회하는 CELL의 형태이다.

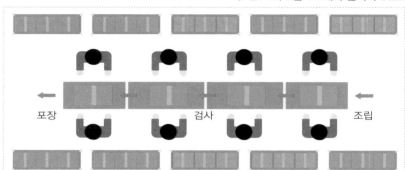

분할방식

모든 공정을 몇 명의 작업자가 분담하여 완수하는 방식이다. 작업을 분할하는 방법이 효율에 결정적으로 작용하며 컨베이어 방식처럼 단순한 배분은 CELL라인 장점을 살릴 수 없다.

U자 형태로 설계하여 물류의 IN과 OUT을 한 사람이 담당케 하고 숙련도에 따라 작업량 배분을 조정하여 공정 내 LOB 100%를 유지해야 한다.

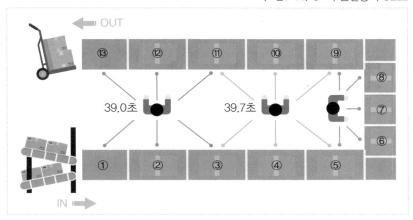

블록형 동기화 CELL

블록형 동기화 CELL은 몇 개의 공정을 블록화하여 각 블록 별로 택트타임을 동일하게 하면 재공품 없이 완성품을 만들 수 있는 장점이 있다.

　주로 검사장비나 포장설비처럼 고가의 자동화 장비를 완결형 CELL로 운영하기가 곤란하고 5~10여 명의 많은 인원이 투입되어야 하는 상황에서 주로 사용하는 형태이나 LOB 100%를 보장할 수 없다는 측면에서는 효율적이지 못한 CELL의 형태이다.

　다음 〈그림3-10〉은 완결형과 블록형 동기화 CELL을 보여주고 있는데 권장하고 싶은 형태는 완결형 CELL이다.

　몇 번 이야기했던 간편자동화의 중요성이 여기에도 있다.

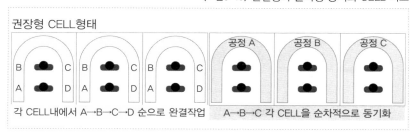

다인(多人) CELL 설계 기준

CELL라인을 도입할 당시 한 가지 에피소드가 있었는데 1인 CELL을 예외로 할 때 3인 CELL이 좋은지 5인 CELL이 좋은지, 몇 명으로 구성해야 좋은지에 대한 갑론을박이 많이 있었다.

모두가 CELL 생산방식이 처음이니 그러한 논쟁도 당연히 있을 수 있는 일이었다. 1인 CELL을 제외하고 다인(多人) CELL을 만들 때에는 블록형 동기화 CELL이 많이 사용된다. 몇 명으로 하는CELL이 좋은지는 철저하게 블록별로 표준시간 비율에 의해 결정되는 것이다. 만약 가공 · 조립 · 검사 · 포장 블록의 표준시간 비율이 2 : 3 : 1 : 1이라면 2+3+1+1=7명으로 구성해야 하며, 이런 표준시간의 비율은 반드시 정수의 비율이 나올 때까지 공배수를 곱하여 얻고, 최소 비율의 숫자로 정한다.

예를 들어 10 : 8 : 6 이면 최소 정수비는 5 : 4 : 3이니 24명이 아닌 12명으로 1개 CELL을 구성하는 것이다.

다음 그림은 이러한 블록형 동기화 CELL을 설계할 때의 방법을 설명해주고 있다.

예제 1) 공정별 S/T가 조립 3분, 검사 2분, 포장 1분일 경우, 최소단위 S/T 비율이
그대로 3 : 2 : 1임으로 최적의 인력편성은 6명임

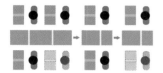

구분	조립	검사	포장	계
S/T	3분	2분	1분	6분
인원	3명	2명	2명	6명

예제 2) 공정별 S/T가 조립 10분, 검사 8분, 포장 4분일 경우, 최소단위 S/T 비율이
5 : 4 : 2임으로 최적의 인력편성은 11명임(조립 5명, 검사 4명, 포장2명)

구분	조립	검사	포장	계
S/T	10분	8분	4분	22분
인원	5명	4명	2명	11명

□ Block별 동기화 Cell설계 방법: S/T비율로 최소인원 구성하여 Line 전체를 관리한다.

U-자 CELL의 설비 사람 복합공정 CELL

사람과 자동화 설비가 함께 공정을 이루는 U-자 CELL의 형태가 향후
점유율을 높여 갈 것이다. 왜냐하면 CELL 생산방식으로 전환을 했더라
도 지속적으로 원가개선 활동이 이루어지기 때문이다.

　이러한 라인에서 공정별로 사람과 설비의 Cycle Time과 사람의 이동
시간이 철저하게 측정이 되어야 서로의 대기시간을 줄일 수 있다. 설비는
투자가 이루어진 상황이라 하더라도 설비작업 시간이 목표 C/T보다 길
어지면 사람이 대기하게 된다. 가장 잘못된 작업이라고 할 수 있다. 이러
한 낭비를 없애기 위해서는 사람의 작업시간과 보행, 이동시간, 설비의
작업시간을 철저히 분석하여 낭비를 없애는 일이 중요하다고 하겠다. 아
래 그림은 이러한 CELL라인의 작업시간을 분석한 사례이며 이렇게 분석
된 자료는 대기낭비의 개선자료로도 쓰이지만 전체 C/T를 줄이는 데이
터로도 사용하고 있는데, 그것이 바로 '표준작업 조합표'이다.

라인명칭	분해번호		표준작업조합표				과 장	계 장	직 장	반 장
필 요 수	택트타임	품명	HT KNUCKLE				수 작 업		작성년월일	
							자동작업		제 5 판	
		품번	35241 - 6072				보 행		1 . 4 . 20	

작업순	작 업 내 용	시 간 (秒) 수	자동	시간 그래프
1	원자재 취부	4″	–	4
2	LA-271(1) 워크 때넴 취부 ON	8″	31″	15 / 7 / 46
3	LA-460(1) 워크 때넴 취부 ON	12″	50″	18 / 30 / 120″
4	T-45(1) 워크잡고 자기탐상	16″		32 / 48
5	P-377(1) 워크취부 롤링 한다	15″	–	50 / 1′06″
6	LA-1436(1) 워크 취부	5″	45″	27 / 1′09″ / 1′14″
7	DR-80 780(1) 워크 때넴/취부 ON	13″	1′02″	1′19″ / 1′32″ [실작업시간 1′35″]

(택트타임 1′28″)

개선의 순서: ① 이동Loss(적색선) → ② 실제작업(흑색선) → ③ 작업항목의 수

T/T=1′28″

위의 그림에서 작업의 주체를 구분하기 위해 색깔로 표시하였다. 붉은색은 작업자의 이동시간을, 검정색은 작업자의 작업시간을, 그리고 파란색 점선은 설비작업 시간을 표시한 것이다. 맨 마지막 붉은색은 작업을 마치고 처음 공정으로 이동한 궤적이며 시간이다. 목표 택트타임은 1분 28초인데 실작업에 걸린 시간은 1분 36초로써 TCT(목표택트타임)를 달성하지 못하고 있다. 또 1분 36초 중 보행에 걸린 시간은(붉은색 이동시간의 합) 23초로써 24%를 차지함으로 즉시 개선이 필요하다.

또한 설비작업의 어느 한 개 공정이라도 1분 36초가 넘으면 작업자는 그 공정에서 항상 대기하게 되므로 즉시 개선이 필요하다. 상기 공정에서 또 한 가지 중요한 것은 개선을 실시하는 순서이다. 제일 먼저 라인 관리자는 작업자가 왜 보행에 시간을 사용하는지 현장분석을 실시하고 설비

와 설비 간의 간격을 줄이거나 부품 배치를 다시 하여 보행시간을 줄여야 한다.

두 번째로 제조기술은 순수 작업에 소요되는 시간을 줄이기 위한 개선활동을 실시한다.

작업속도를 높일 수 있는 방법이나 LCIA를 더 투입하여 S/T를 줄이면 택트타임이 그만큼 짧아지고 생산량은 늘게 되어 있다.

세 번째는 작업의 항목 수를 줄여야 되는데 이것은 설계 부서에 피드백하여 협업을 통한 개선을 실시하여야 할 것이다. 결론적으로 말해서 사이클 궤적이 오른쪽에서 왼쪽으로 이동 되어야 Cycle Time이 단축되면서 생산성이 올라가는 것이므로 설계부서, 제조기술 그리고 제조현장이 함께 Co-Working을 하는 업무개선 체계가 필요하다.

CELL라인 제작의 5대 원칙

CELL라인을 도입할 때에 작업대 제작이나 배치 등에 원칙을 두어 낭비가 없는 고효율 라인으로 운영되도록 하고, 제조현장의 설비와 사람이 눈으로 보이게 하는 것이 중요하다.

작업이나 물류의 흐름을 한눈에 파악할 수 있으면 문제가 쉽게 오픈되어 빠른 개선 활동으로 연결되기 때문이다.

또한 CELL라인 제작 시에 사용되는 각종 자재들도 가격이나 강도 등 기술적인 판단이 필요하기 때문에 사용자재에 대해 표준화를 하는 것이 운영에 있어 효율적이다.

다음 〈그림3-13〉은 이에 준해 5대 원칙을 만들어 제시하였고 각 항목에 대한 목적을 기술하였다.

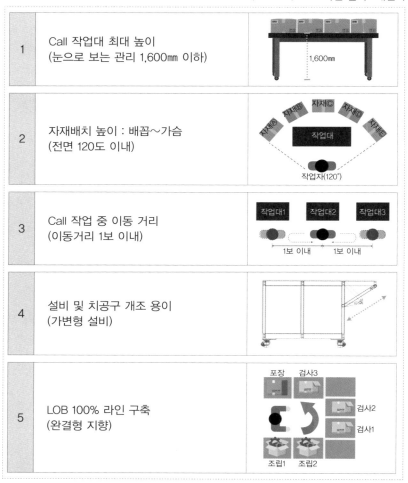

1	Call 작업대 최대 높이 (눈으로 보는 관리 1,600mm 이하)	
2	자재배치 높이 : 배꼽~가슴 (전면 120도 이내)	
3	Call 작업 중 이동 거리 (이동거리 1보 이내)	
4	설비 및 치공구 개조 용이 (가변형 설비)	
5	LOB 100% 라인 구축 (완결형 지향)	

첫 번째는 작업대의 높이를 1,600mm 이하로 제한하였다. 보통사람의 눈높이를 고려한 것이다. 이 높이는 더 낮을수록 좋으므로 제작 시에 아이디어를 내어 보다 더 낮게 만드는 게 유리하다.

두 번째는 자재를 배치하는 위치에 대한 설명인데 작업자의 동작경제

원칙을 참고하여 양팔 작업을 할 때 부품을 가져오는 작업의 편의성과 동작의 낭비시간을 고려하여 120도로 하였다.

세 번째는 작업을 할 때 발생하는 이동 낭비를 최소화하기 위해 1보 이내로 제한 하였으며,

네 번째 설비나 치공구를 제작할 때 가급적 쉽게 변경하도록 한 것은 CELL라인은 장소나 형태를 자주 바꿔야 하기 때문에 그때마다 새로 제작해서는 안되기 때문이다.

다섯 번째로 CELL라인의 생명이라 할 수 있는 LOB 100%를 달성하기 위하여 가급적 완결형으로 만들고 운영해야 한다. 이 점은 앞장에서 그 이유가 충분히 공유되었다고 본다.

CELL 생산방식의 도입 10단계론

CELL 생산방식의 도입순서는 아래와 같이 10단계로 나누어 Step by Step으로 진행한다.

STEP 1   : 대상제품 라인선정 (PL분석)
STEP 2   : 공정설계
STEP 3   : 실태파악
STEP 4   : 동기화 실시
STEP 5   : CELL Layout 방법
STEP 6   : 물류 Layout
STEP 7   : 교육훈련 [다능공육성]
STEP 8   : Cell라인 생산실시
STEP 9   : 라인 안정화
STEP 10   : 효 과 검 증

CELL라인 생산은 처음의 계획대로 진행되는 것은 드물다 작업자의 지혜와 연구를 CELL라인에 적극 반영하여 가장 효율적으로 구축해야 함

1단계에서는 P-L분석을 통해서 LOT 수량이 적은(100~500대) C와 B그룹을 선택하여 도입한 후에 점진적으로 대LOT인 A그룹으로 도입을 진척시키는 것이 안정적이라 할 수 있다.

〈그림3-14〉 PL분석 그래프

2단계는 공정을 설계하는 단계로 목표 생산량을 몇 대로 할 것인지, 작업인원은 몇 명이 좋은지, 또 라인형태는 완결형으로 할 것인지, 블록형 동기화 CELL로 할 것인지 등을 제조환경에 맞게 결정하는 과정이며 도면상에 설계가 필요한 단계이다.

3단계인 실태파악 단계에서는 기존 생산라인의 문제점을 확실히 파악하는 단계로 대략 아래와 같은 분석을 실시하며 대부분 CELL방식 전에 생산하던 컨베이어나 Batch 작업이 해당된다.

구 분	현 상	원 인
공정 대기	라인 효율 50~70%	① 복수의 조립조로 구성된 공정 편성 ② 공정의 문제로 인한 작업 대기
작업 대기	공정 대기율	컨베이어와 작업 속도와의 차이
반제품 재고	정체품	공정 간의 라인 바란스 차이 및 동기화 지연
결품 불량	작업율 저하	지나친 분업, 공정 보증능력 저하
작업 교체	소 로트 다품종	빈번한 작업 교체 및 작업교체 작업자의 고정화
작업의 부조화	작업자의 무관심	앉아서 하는 작업, 지나친 분업, 작업 계층의 다양화
수작업 비율	자동화율 미비	공정개선 연구 부족

4번째 단계부터 7번째 단계까지는 앞장에서 이미 설명을 한 대로 참고하여 작업하고 8번째 단계인 CELL 생산을 시작하는데 있어 아래와 같이 시 생산부터 실시하여 안정화 한다.

연습용 셀 생산	• STEP 7 완료 후 실시
초기 1주일	• 문제점 Clear 시점까지 3~4일 정도 시 생산 실시
목표설정	• 초기 목표는 기존생산방식과 동일한 목표로 추진하고 최종 130~150% 높임
생산초기 불량 증가	• 작업자 미 숙련 등으로 발생되는 불량은 전문 검사요원을 배치하여 해결 • 감소하지 않고 지속적으로 발생하면 작업방법 등을 면밀히 재검토 한다
작업자의 요구사항 수용	• 도입초기 모든 부분에서 불안하므로 작업자의 요구를 100% 청취하고 수용한다 단, CELL의 본질을 벗어나는 요구 (예, 순간재공 증가, 입식 작업 기피 등)는 타협 대상이 아님 • 당일 발생 문제는 당일 반드시 해결하여 작업자에게 동기를 부여 시킴

9번째는 라인 안정화 단계로써 현장에는 관리용 현황판과 안돈(ANDON)을 만들어 시간당 목표 생산량과 실적, 불량률, 인당·시간당 생산대수 등을 철저히 관리한다.

관리지표 (1) 재고관리 (Store/공정 내 제공)		개 선 전	개 선 후
(2) 공정 불량률			
(3) 인당 · 시간당 생산 대수		생산성 개선 (인당생산수 00대)	생산성 개선 (인당생산수 00대)
1 point 개선사례 지속발굴 및 발표회			
월간 개선 실시계획: 항목 / 일정 / 담당자			
다능공화 계획표 작성 및 게시		공정품질 (00ppm)	공정품질 (00ppm)
기타 부서 Mission 만들기 등			

10번째 단계는 CELL 생산도입과 과정 그리고 결과가 목표한 대로 나타났는지 효과를 검증하는 단계인데 여기서도 P-D-C-A Cycle에 따라 계획과 실행, 검증과 개선의 단계가 이루어진다.

효과 검증은 생산라인 단위로 단편적인 효과만 진단하는 것이 아니라 공장 전체로 확대하고 전체적인 효과를 중심으로 개선 계획을 수립하여야 한다.

공장 단위의 효과 검증의 항목으로는 〈그림3-15〉와 같이 인당 생산 대수나 공정품질로 시작해서 제조 리드타임은 얼마나 감소했고 공장의 면적생산성은 실제로 얼마나 향상되었는지, 또한 작업자의 역량은 얼마나 좋아졌고 만족도는 어떤지 등을 종합적으로 체크하여 검토하고, 이런 경영지표의 부족한 부분에 대한 개선계획을 수립한다.

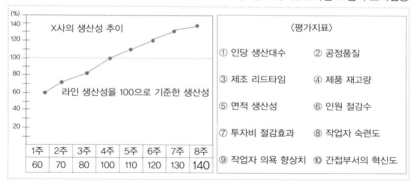

X사의 생산성 추이

라인 생산성을 100으로 기준한 생산성

	1주	2주	3주	4주	5주	6주	7주	8주
	60	70	80	100	110	120	130	140

〈평가지표〉

① 인당 생산대수 　　② 공정품질

③ 제조 리드타임 　　④ 제품 재고량

⑤ 면적 생산성 　　⑥ 인원 절감수

⑦ 투자비 절감효과 　⑧ 작업자 숙련도

⑨ 작업자 의욕 향상치 ⑩ 간접부서의 혁신도

05 사무실이나 영업부문에도 CELL 방식을 도입하라

사무실 생산성 향상은 매우 오래 전부터 많은 기업에서 경영과제의 하나로 여겨져 왔으나 최근 들어 그 중요도가 점점 높아지고 있다. 현장의 생산성은 오르고 있는데 사무실의 생산성은 아직도 바닥을 유지하고 있다고 많은 경영자는 생각한다. 또한 사무직은 연구개발을 포함하여 계속해서 인원수가 늘고 있으며 이 추세는 당분간 계속 되리라고 생각한다. 이렇게 점점 더 방대해지는 조직을 혁신하지 않고 제조 현장만 혁신을 해 간다면 그 효과는 절반에 머무를 것이 뻔하기 때문에 사무실에도 CELL 생산방식의 개념과 기법을 도입하여 생산성을 획기적으로 개선해야만 한다.

　CELL 생산방식의 개념은 작은 낭비 하나라도 찾아서 개선을 하는 것이고, 한 사람이 여러 업무를 할 수 있도록 하여 업무의 효율도 높이고 일의 보람도 생겨 업무 만족도를 높여가는 것이다. 임의 시간에 어떤 사무실을 한번 가보라. 바쁜 사람과 그렇지 않은 사람들이 금방 눈에 들어온다. 물론 가만히 앉아 있다고 해서 전부가 놀고 있다고 단정하기는 어렵다. 하지만 내막을 자세히 보고 분석을 해보면 20~30%의 사람만이 일을 하고 사실 나머지는 무엇을 하는지 잘 모른다.

일본 캐논에서는 영업사원이 물건만 파는 것이 아니라 영업사원이 직접 시장 불량에 대한 수리를 해 주었으며, 고객사 사무실을 찾아가서 그동안 현장에서 개선한 사례들을 모아서 사무실 내에서의 동선의 단축이나 서서 회의하기 등에 대한 컨설팅까지 해주는 사례가 있었다. 이 결과로 고객의 신뢰성과 만족도는 높아졌으며 영업 서비스 전체 인력을 효율화하고 경영혁신을 자신감 있게 추진하였다. 과거에 세 사람이 하던 일을 한 사람이 모두 할 수 있도록 한 것은 사무간접의 다능공화가 만들어낸 성공 사례인 것이다.

최근에 은행에서 흔히 볼 수 있는 것 중 하나가 방카슈랑스(Bancass-urance) 업무다. 이는 보험사와 은행이 협력하여 종합금융서비스를 제공하는 것인데 보험사가 그 동안 고객을 찾아 다니면서 영업을 해왔던 방식을 개선한 것이라고 할 수 있다. 찾아 다니는 낭비를 줄인 것이다.

은행 업무차 방문한 고객을 상대로 별도의 시간을 낭비하지 않고 영업활동을 할 수 있었던 아이디어이며 CELL 방식의 개념을 보험영업에 접목한 대표적인 사례가 되겠다.

사무실에 CELL 생산방식을 적용하려면 제일 먼저 하루의 일과를 나열하고 일과 낭비로 구분해야 한다. 이런 일을 하기 위해서는 별도의 양식을 만들어 프로젝트 리더의 지휘 아래 모든 사람이 진정성을 가지고 직무분석서를 작성해 나간다. 그 다음 낭비에 해당하는 일들을 모두 모아서 시간을 산출한다. 또한 낭비의 유형이 무엇인지 기록하고 이후 개선계획을 수립한다.

첫 번째는 일과 관계없이 이동하는 것을 없애고 그 다음 기다리는 낭비를 없애며 그 다음은 업무를 통합하여 1인이나 혹은 2~3인이 프로젝트를 완결할 수 있도록 업무분장을 다시 하는 것이다.

사무실에 CELL 방식을 적용하기는 현장보다 어려운 일일 것이다. 하지만 일과 낭비를 식별하는 눈으로 작은 것 하나라도 찾아내어 지속 실천한다면 현장과 같은 변곡점이 오리라 믿는다.

공장 레이아웃과
제조물류

01 공장의 설비는 최대한 구겨 넣자

공장을 건설하는 것에서부터 공장의 레이아웃을 설계하고 생산설비를 구축하는 일은 교육의 100년 대계를 디자인하는 것과 같은 매우 중요하고도 어려운 일이며 마치 군대에서 조준선 정렬을 하는 것과 같은 것이다. 조준선 정렬이 되지 않은 상태에서 아무리 정조준을 한다 해도 총알은 목표 지점을 벗어날 수밖에 없다. 몇 번이고 되풀이해서 그 중요도를 반복하여 이야기한다 해도 무리가 아니라고 생각하는 이유가 여기에 있는 것이다.

공장의 입지조건을 결정할 때 사람들은 보통 초기 투자 비용에 민감하게 반응하여 최적의 입지를 놓쳐 버리는 경우가 있다. 초기 투자비용이 높은 곳은 비용부담 및 고정비의 부담으로 경영에 어려움을 주는 것은 사실이지만 이는 한시적인 것으로 이것 때문에 물류비용을 증가시키는 곳으로 입지를 바꾼다면 이것은 곧 조준선 정렬을 잘못하는 것이나 다름이 없다. 왜냐하면 조달이나 제품 배송의 물류 비용은 공장을 가동하는 한 지속 발생하는 비용이기 때문이다. 이에 대한 적절한 검토 없이 한 가지만 생각하여 공장의 입지를 정해서는 안 된다.

설비배치는 가급적 꾸겨 넣는다는 개념으로 공장 내 설비 밀도를 최대화하고 각각의 설비는 가능한 가볍고, 얇고, 짧고, 작게 만들고, 설비 내부가 보이도록 하여 공장의 설비 적치율을 높이고, 작업자의 이동과 운반의 공수를 줄여서 효율 높은 공장을 만들어야 한다.

또한 눈으로 설비의 이상과 정상 상태를 판단하도록 하는 것이 레이아웃과 물류의 정석이다. 이것을 한자로 표현하면 경박단소시(輕薄短小

視)가 된다. 대부분 공장을 보면 운반용 대차나 기타 장비들이 충분히 드나들 수 있는데도 널찍널찍하게 배열되어 있어서 보는 사람으로 하여금 공장의 여유가 있어 보인다. 시원스럽고 깨끗해 보일지는 모르지만 그 속에서 얼마나 많은 낭비가 발생하는지 생각해 보자. 또 빈 곳이 있으면 그곳은 시간이 흐르면서 반드시 채워진다. 생산을 하다가 중지한 부품이나 반제품일 수도 있고 유휴설비나 공구 등으로 채워지기도 하며 심지어 빈 박스나 쓰레기가 쌓일 수도 있다. 설비와 설비 사이 또는 사람과 설비 사이 어느 곳이든 가깝고 짧게 배치하여 운반이나 이동의 낭비를 원천적으로 제거해야만 한다.

이제부터는 물건을 취급하고 운반하는데 발생하는 낭비를 계산해 보면서 이런 것은 어떻게 개선을 하고 또 어떻게 레이아웃을 설계해야만 이러한 낭비들이 발생하지 않는지에 대한 방법을 찾아보자.

제조 현장에서 나사를 조이거나 조립·포장 작업을 하는 일들은 모두가 표준시간(S/T)이 있고 그 시간을 이용하여 얼마나 효율적인지를 수치로 나타낼 수 있지만 부품을 옮기거나 일반적인 취급을 하는 일에는 표준시간이 없다. 이것은 운반작업이 표준작업으로 정립되어 있지 않아서 표준시간 산출이 어렵기는 하지만 여하튼 관리의 사각지대임에는 틀림이 없고, 시급히 표준시간을 산출할 수 있는 방법을 찾아야 하는 제조기술 분야의 숙제이다.

필자는 이러한 생각에 근거하여 어떻게 하면 운반과 핸들링 작업에도 합리적인 표준시간을 만들어 숫자로 관리할 수 있을지 많은 시간 동안 고민도 하고 토론도 해 보았지만 이렇다 할 결과를 얻지 못한 것이 사실이다.

물류공수 및 표준인력 산출 운영

표준시간을 만들어 사용하는 방법 대신에 다른 방법으로 제조물류 부문의 지표를 만들어 활용했던 방법을 이 장에서 소개하고 공유하기로 하자.

제조 현장의 물류 인력이 얼마나 적정한지 그리고 그들에게 부여되는 작업의 부하율은 얼마가 적정한 것인지, 지금 우리의 현장은 과연 적정한 인력으로 운영되고 있는 것인지 등을 분석하고 평가하기 위해 다음과 같은 도식을 만들어 사용하였다.

이것은 사실 제조현장에서 작업하는 내용을 실제로 측정하여 얻은 시간을 가지고 분석을 하기 때문에 개선활동 처음단계에서 작업 시간을 측정하는데 상당한 시간이 걸린다. 다만 운반을 하기 위해 이동하는 거리와 1m에 필요한 시간은 0.7초로 표준화하여 분석을 함으로써 측정시간을 줄일 수 있었지만 더 많은 부분에서 이와 같은 Factor를 찾아내어 표준시간화 하는 과제는 아직도 진행 중이며 독자 여러분의 몫이 될 수도 있으니 더 좋은 방법이 연구되기를 기대한다.

〈물류공수 산출식〉

총 물류공수	=	Σ(핸들링 시간 + 운반시간)	* HT : Handling Time
		= Σ HT + Σ MT	* MT : Moving Time
Σ HT	=	부품취급 시간의 합 (담기, 올리기, 고쳐담기, 정돈 등)	
Σ MT	=	Σ(이동거리×이동횟수)×0.7sec/m(운반장구를 끌고 1미터 이동하는데 0.7초)	

〈표준인력 산출〉

$$\text{이론치 물류 인원수} = \frac{\text{총 물류공수}}{\text{근무시간}}$$

$$\text{표준 물류 인원수} = \frac{\text{이론치 인력}}{\text{목표 부하율 (0.7)}}$$

상기와 같이 제조 현장에서 발생하는 하루 분량의 물동량을 분석하여 계산을 해 보면 그 공장을 운영하는데 있어 제조물류 인력에 대한 표준을 구할 수 있다. 1m를 이동하는데 0.7초를 부여한 것이 다소 무리라고 생각하기 쉬우나 프린터를 만드는 캐논전자에서 5m 이동에 3.6초를 부여하여 혁신활동을 성공한 사례를 비교해 보면 꼭 무리한 숫자라고 할 수는 없는 상황이다.

결론적으로 공장의 설비를 설치할 때에 물류의 동선을 고려치 않으면 운반으로 인해 발생하는 공수와 운반을 위해 대차 등에 싣고 내리고 정돈을 위해 만지고 하면서 발생하는 공수는 필연적으로 생기는 것인데 그 정도에 따라 낭비의 정도도 비례하여 발생한다.

한번 결정하여 운영하던 레이아웃을 변경하려면 추가로 비용도 많이 발생할 뿐 아니라 화장실이나 기둥과 같은 것들은 건물 인프라를 바꾸어야 하기 때문에 거의 불가능한 아이디어가 될 수도 있다. 이만큼 공장 및 생산설비 레이아웃은 결정되기 전에 검토 비용이 들더라도 충분히 숙고하여 물류가 정체되거나 되돌아가지 않도록 직선성(Linearity)을 유지하는 루트(Route)로 설계해야 하며, 운반로스를 최소화하기 위해 설비 간 간격을 줄이고 전체 공정을 한 개의 층에서 가급적 운용할 수 있는 구조로 설계하는 것이 반드시 필요하다.

레이아웃 설계 작업의 정석

제조 물류를 기반으로 하는 레이아웃 설계는 부품 창고에서부터 중간가공 공정 그리고 완제품에 이르기까지 가장 짧은 거리로 운영하는 것이 최상이다. 그래야 일체화 흐름 생산이 가능하고 생산운영에 소요되는 운반과 물건의 핸들링 공수(Work Time)를 최소화하여 저비용 구조로 생산을 할 수 있다. 이것을 구현하기 위해서 한국의 제조 회사들은 '-자 형태' 즉 직선으로 배치하는 경향이 강했다. 하지만 꼭 직선만을 고집할 이유는 없다고 본다. 일본 제조 회사들이 주로 사용하는 U-자 설계나 ㄱ-자, ㄴ-자형 레이아웃도 나름대로 장점을 가지고 있다. 어차피 레이아웃의 궁극적 목표는 생산 중 발생하는 이동, 운반 낭비를 원천적으로 없애고 고효율 활동을 통한 제조원가 절감이 목표이기 때문이다. 이러한 목적에 부합한다면 검토와 분석을 통해 한 발자국도 불필요한 이동을 하지 않게 설계하면 되는 것이다. 그렇게 하기 위하여 레이아웃을 디자인할 때 고려해야 할 몇 가지 주요사항을 제시하고자 한다.

첫째 레이아웃 설계 시에 물류가 오던 방향을 되돌아가도록 해서는 안 된다. 이를 '역물류'라 하며 되돌림은 모두 낭비이기 때문이다.

〈그림4-01〉 직선화 배치 예

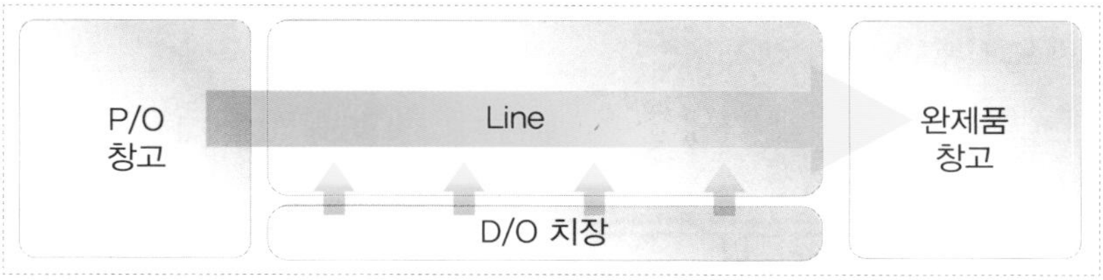

〈그림4-02〉 역물류 및 교차물류 배치 예

둘째 물류가 이동과정에서 서로 교차하지 않도록 해야 한다(〈그림

4-02〉참조). 이럴 때는 서로 부딪쳐 부상을 입는 일도 있지만 이것을 예방하기 위해 작업자가 알아서 먼저 지나가기를 기다리기 때문에 자연 대기로스가 발생하는 것이다. 이것은 IE 관점에서 모두가 낭비이기 때문이다.

셋째 린 제조방식(도요타 제조방식의 명칭)에서 한 개의 부품이 들어가면 한 개의 제품이 나와야 전체 택트타임 생산체계를 관리할 수 있다. 이것을 컨트롤하기 위해서는 단순히 길게 뻗은 '– 자형' 라인보다는 'U–자형' 입출 형태가 더 도움이 될 수 있는 것 이다.

도요타 생산시스템을 배우기 위한 연수(TPS연수) 과정에서도 U–자 레이아웃은 기본 과정이었을 만큼 낭비가 드러나게 하고 그것을 개선하는 기본형의 라인 모델이기도 했다.

넷째 부품창고나 또는 부품생산 공정에서부터 가장 짧은 동선을 얻기 위해서는 최종 조립라인을 중심으로 앞, 좌, 우 3개 면에 공정과 설비를 배치하는 것이 유리하다.

3면 도크 배치와 표준 레이아웃

〈그림4-03〉

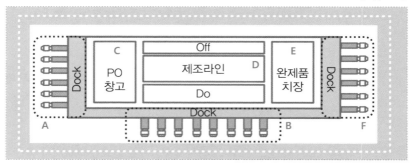

〈그림 4-03〉은 전형적인 제조공장의 레이아웃을 제시한 것이며 '– 자형' 레이아웃의 대표적인 형태이고 3면에 도크를 설치한 표준형이라 할

수 있다. 맨 왼쪽(A구역)에 부품 입고용 도크를 설치하여 부품창고로 최단거리 하역을 하도록 배치하였으며 이를 사용하는 트럭이나 부품업체는 일 단위 또는 주 단위로 납입지시(PO: Purchase Order)를 받아 실행하게 된다.

납품을 받은 후 창고업무의 프로세스와 시스템에 관해서는 뒷장에서 설명하도록 하겠다.

다음으로 하단의 B구역 도크는 주로 확정된 생산계획 하에서 DO(납품지시—Deliver Order)를 받아 정해진 시간 단위로 납품을 할 때 사용한다. C구역은 종합창고를 배치하여 조달된 부품이나 자재가 최단거리로 이동되어 보관할 수 있게 하고 가운데에 가공이나 조립라인을 배치하여 창고자재와 DO자재가 만나 생산라인으로 투입되도록 배치한다. 생산이 완료된 제품은 별도의 이동경로 없이 E구역인 완제품 치장으로 옮겨져 출하대기를 하게 되고 출하검사(OQC)가 끝나는 대로 F구역으로 이동하여 트럭이나 컨테이너에 상차하여 운송된다. 이상과 같이 극히 간단한 물건의 제조를 기준으로 설명하였지만 어떤 제품이라도 표준 레이아웃에서 제시하는 개념을 이해한다면 얼마든지 복잡한 공정을 요구하는 제품이라도 응용이 가능하리라고 생각한다.

제조현장의 칸막이는 모두 없애라

어떤 회사의 제조현장을 돌아보면 여러 형태의 칸막이로 만들어진 작거나 큰 공간을 볼 수 있다. 대개는 사무실이나 회의실 또는 탈의실 공구실 등으로 사용되는데 개인적 프라이버시가 있는 탈의실 또는 조용한 환경을 요구하는 검사실을 제외하고는 벽체를 사용한 칸막이는 모두 낭비일 뿐이다. 사무실은 허리높이의 파티션으로 구역을 만들고 공구실은 철망으로 하고 잠금 장치로 보강하면 될 것이며, 그 외에는 바닥에 구획선으로 표시하여 눈으로 보이는 관리가 되도록 하여야 한다. 안쪽의 상태가 보이지 않으면 사람이 일과 관계없이 모이거나 버려야 할 물건들이 쌓이게 된다.

위의 표준 레이아웃 그림에서 D구역 위쪽으로 현장 사무실을 배치하였지만 칸막이는 절대 금물이며 언제든지 필요에 따라 위치를 바꿀 수 있도록 파티션 처리하고 이동성 있게 바퀴가 달린 책상이나 테이블 형태로 만들어 사용하며, 전원이나 기타 LAN 공사도 이동성 있게 처음부터 만들어 사용한다. 다시 한 번 강조하지만 제조현장의 칸막이는 소통의 단절이며 현장, 현물, 현상이라는 3현주의와 배치될 뿐 아니라 간접업무의 생산성을 저하시키고 온갖 잡동사니의 소굴이 되는데 주 원인이 된다.

02 삶의 숲은 소통이듯이 제조의 숲은 물류다

물류가 좋으면 제조는 그냥 흘러간다. 우리 인생도 여러 형태의 삶의 나무가 있다. 부모, 직장상사, 동료, 친구, 친지들 그리고 비즈니스로 맺어진 수많은 사람들이 서로 매트릭스처럼 얽혀진 관계 속에서 살아간다. 이러한 관계를 엮어가고 유지해가는 데에는 사랑하는 마음이나 미워하는 마음, 또 존경하는 마음과 멸시 그리고 상호작용을 통한 희로애락이 있으며, 개인적 입장에서는 먹고, 자고, 입고, 사랑하고, 출세하고 싶은 다섯 가지의 기본욕구(衣食住性出)가 있을 것이라 생각한다. 이것들은 모두 삶의 나무나 풀 그리고 꽃들이다. 이런 나무들이 이루는 숲은 무엇일까. 나와 모든 사람들의 관계 속에서 이런 나무들을 양육하고 번창하게 하는 것 바로 소통이 아닐까. 너와 내가, 또 나와 모든 사람이 각자의 생각과 감정을 경영하며 이해와 상생이라는 이익을 만들어 내는 것, 그것이 삶의 숲이요, 소통이라고 생각한다.

같은 개념을 제조라는 세계로 끌어들여 생각해 보자. 공장과 설비와 작업이라는 토양들, 효율과 낭비, 원가와 이익이라는 꽃과 열매, 그리고 원자재와 반제품 재고라는 나무들이 만들어 내는 숲의 세계, 제조라는 세상에서는 이러한 숲을 이루는 것들을 모두 합쳐 물류라는 것으로 표현할 수 있다.

삶이나 제조부문 모두가 이런 숲들의 함수관계에서 고차방정식이나 하이브리드 방정식으로 풀어가야 하는 어려운 과제가 될 수 있다. 여하튼 인간의 삶의 사슬이 소통이라는 말로 엮어지듯이 제조의 사슬은 바로 물류로 엮어지기 때문에 '소통이 잘되는 곳에 행복한 삶이 흘러가게 되듯이 물류가 좋은 공장의 제조는 효율 있게 흘러가는 것'이다.

제조의 숲을 만들어 가는 물류에는 어떤 것이 있나

오늘날의 제조현장에서 제조물류의 중요성은 날로 커지고 있고, 운영의 방법 또한 기술의 발달과 컴퓨터가 도입되면서 고도화되고 정교해져 가고 있다. 그 운영의 범위도 점차 넓어지고 있어서 단순히 조립라인의 자재를 공급해 주는 것으로는 그 기능을 다 설명할 수 없게 되었다.

다음 그림은 제조물류의 종류를 구분하고 각각의 항목별로 범위와 기능을 정의하였는데 이는 제조물류를 어디까지 한정하고 정의하느냐에 따라 내용의 차이는 있을 수 있겠다. 그렇지만 오랜 시간 실무를 해왔던 경험과 한국 제조기술의 새로운 방향을 제시하고자 하는 관점에서 가장 적절하다고 판단하여 분류하였다는 것을 이해해 주기 바란다.

〈그림 4-04〉는 그러한 생각과 기준으로 5가지의 제조물류로 분류하였다.

〈그림4-04〉 제조물류의 분류

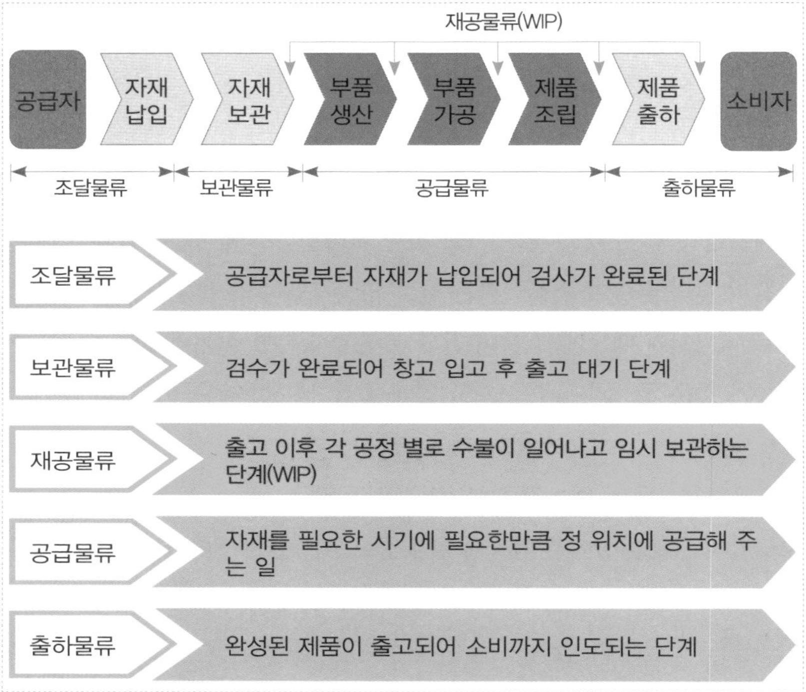

재공물류(WIP)			

공급자 → 자재 납입 → 자재 보관 → 부품 생산 → 부품 가공 → 제품 조립 → 제품 출하 → 소비자

조달물류 · 보관물류 · 공급물류 · 출하물류

조달물류	공급자로부터 자재가 납입되어 검사가 완료된 단계
보관물류	검수가 완료되어 창고 입고 후 출고 대기 단계
재공물류	출고 이후 각 공정 별로 수불이 일어나고 임시 보관하는 단계(WIP)
공급물류	자재를 필요한 시기에 필요한만큼 정 위치에 공급해 주는 일
출하물류	완성된 제품이 출고되어 소비까지 인도되는 단계

조달물류란 무엇인가

조달물류는 구매나 생산부서로부터 납품지시를 받고 부품을 실어 고객사에 운반하는 것으로부터 고객사 하역 장소에 납품을 하고 검수·검사를 받은 후 송장(Invoice)을 체크하여 납품을 확인하는 과정이며, 고객사는 정시정량 납품지시를 준수했는지를 체크하여 물품을 인수하는 과정이다. 보편적으로 고객사가 지시하는 형태는 두 가지가 있다.

첫 번째는 PO(Purchase Order)방식이며 주로 주(Weekly) 단위나 일(Daily) 단위로 지시를 하고 있으며 반드시 고객사의 창고에 납품을 하여야 한다.

두 번째는 DO(Delivery Order)방식으로 생산계획 확정 후 하루의 시간을 나누어 시간 단위로 납품지시를 하게 된다. 도요타 자동차의 린(Lean)생산시스템과 유사하며 JIT(Just in Time) 방식의 일종이다. DO방식의 장점으로는 고객사와 부품사의 창고운영 비용을 줄이고 재고를 줄여 제조원가와 품질을 향상시키는 효과가 있다. DO를 운영하는 방식으로는 시간단위 납품 패턴을 설계하고 운영한다. D-1에서 D-8까지 1시간 단위로 나누어 운영하는 패턴을 주로 사용하고 있으나 회사에 따라서 D-16 패턴까지 30분 단위로 운영하기도 한다.

부품 회사의 이동거리가 짧고 부품의 크기가 클 경우는 D-16이나 D-8패턴으로 정하여 30분이나 1시간 단위로 납품을 하도록 하고, 거리가 멀거나 부품의 크기가 상대적으로 작을 경우에는 D-4나 D-2패턴을 사용하여 2시간 혹은 4시간에 한 번씩 납품하도록 지시를 내리는 것이 자사의 치장면적이나 부품사의 차량 운영에 효율적이다. 주로 사용하는 납품지시 패턴은 아래 도표를 참고하기 바란다.

〈도표4-01〉 DO 패턴 별 납품주기

패턴	D-16	D-8	D-4	D-2	D-1	D-0
납품주기	30분	1시간	2시간	4시간	8시간	24시간

이상의 DO패턴과 같은 납품지시는 철저히 비수입 품목에 한해 적용하는 것이며 로컬품목이라 하더라도 운송시간이 2시간 이내의 품목에 적용될 수 있다.

또한 조달물류에서 중요한 것은 도크장 설계방법이다. 〈그림 4-03〉에서는 3면 도크를 표준으로 제시하였으나 생산제품에 따라 2면 도크도 가능하고 1면 도크도 가능하다. 단 도크가 없는 공장은 자재의 하역이나 상차 시에 많은 노력과 공수를 발생시키므로 도크는 제조 공장에서 반드시 필요한 장치이며, 차량 진입 시에 어느 정도의 하역 높이를 맞출 수 있도록 지면을 낮게 만드는 작업이 필요하다. 그리고 차량의 종류에 따라 적재 높이가 상이하므로 높이의 미세 조정이 필요한 경우가 있는데 이때에는 도킹 레벨러(Docking Leveler)를 추가로 설치한다.

필요 도크 수 산출은 아래와 같다.

$$
\text{Dock수} = \frac{\text{일 차량 운행수} \times \text{상 · 하역시간}}{\text{일 근무시간} \times \text{Dock 부하율}}
$$

- 일근무시간: 1Shift(480分)
- Dock 부하율 목표 : 70%

도크 설계방법에 대한 이해를 돕기 위하여 아래에 그림을 추가하였으니 참고하기 바란다.

〈그림4-05〉 도크 설계 도면

차량의 Door를 Open한 상태에서 옆 차량과 간섭이 되지 않도록 설계. 40ft 컨테이너 기준 도크 폭 4,050mm로 하고 도크 높이는 운행 차량 점유율이 70% 이상인 차량 기준

(1,250mm) (1,550mm)

차량 (a) Door open 차량 (b)

300mm

Leveler Dock 높이

보관물류란 무엇인가

보관물류란 한마디로 납품된 부품이나 자재를 창고에 입고시키고 생산을 위해 출고시키며 나머지 자재에 대한 재고관리를 행하는 일체의 엔지니어링을 뜻한다. 엔지니어링 종류로는 적치방법, ID번호 부착을 통한 자재의 추적관리 그리고 창고 면적이나 공간 활용도에 따른 면적 생산성을 높이는 기법들이 있고, 주로 시스템과 연동하여 움직이고 있다.

프로세스 관점에서 해석하면 먼저 입고된 자재의 검수·검사 작업을 통해 합격된 자재를 시스템이나 별도의 전산 또는 수작업으로 입고를 잡는다(보통 GR처리한다고 표현함). 그리고 이 자재를 어디에 적치해야 좋은지, 나중에 어떤 자재가 어디에 있는지 등 옮기고 찾는 낭비를 예방하기 위해서는 통일된 정보를 바탕으로 표준화된 관리가 필요하다. 이를 위해 입고된 개개의 자재에 고유 ID번호를 부여하는 일이 필요하다. 그렇지 않으면 납품 업체별로 바코드가 없거나 있더라도 인식되지 않는 문제가 현업에서는 많이 발생한다.

이렇게 ID부착을 마친 자재는 프로세스에 따라 정해진 장소로 이동되고 그 정보를 기록하여 향후 생산 시에 출고 정보로 활용하게 된다. 이런 관리 Tool로는 수작업 장부 방식에서부터 고급 시스템까지 여러 종류의 시스템이 있지만, 중소사업장의 경우 투자비 부담을 감안하더라도 최소한 Uni-ERP 정도는 설치하여 자재의 분실을 막고 재고 정확도를 향상하는 것이 바람직하다.

이러한 엔지니어링이 작동되려면 먼저 부품을 입고하여 보관할 수 있는 벽체가 있고 천정이 있는 구조물이 필요하다. 창고의 면적이나 공간을 최대한 활용하기 위해서는 다층 선반구조나 회전식 상자구조를 사용하여야 하고, 특히 자재나 제품의 창고 용도로 만들어진 산업용 랙(Industrial

Rack)을 구입하여 아파트식 단지 · 동 · 호수와 같은 개념으로 Rack별 층별로 고유번호를 부여하여 관리하면 효율적이다.

다음 〈그림 4-06〉에 위에서 설명한 내용을 상세하게 그림으로 나타냈다.

〈그림4-06〉 부품창고의 적용 예

〈그림4-07〉 부품창고의 아파트 식 번호관리 예

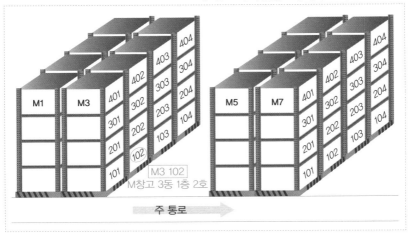

위의 〈그림 4-07〉 왼쪽그림은 M01, M03, M05, M07, 즉 M창고 4개 동으로 구성되었는데 모두 홀수 번이다. 그 이유는 주 통로를 중심으

로 왼쪽은 홀수 동 오른쪽은 짝수 동(그림에서는 짝수 동 생략됨)을 배치하여 동(棟) 별로 자재의 종류를 분리 배치하면 나중에 자재의 위치를 파악하는데 상당한 도움이 될 것이다.

우리의 일상생활에서 예를 들어보아도 가보지 않았던 아파트를 처음 찾아가면 동 번호가 섞여있어 동ㆍ호수(棟號數)를 쉽게 찾지 못하고 아파트 주변을 몇 번이나 배회한 후에 비로소 찾게 되는 불편함을 경험했을 것이다. 처음부터 홀수 동과 짝수 동을 좌우로 나누어 번호를 부여했다면 찾아 다니는 수고를 덜 수 있었을 것이다. 같은 생각으로 창고에 랙(Rack)을 설치할 때에도 좌우에 홀ㆍ짝수를 나누어 배치하면 위치의 개념이 간단해지므로 두고두고 편리할 것이다.

이번에는 창고의 적정 크기에 대해서 알아보자.

창고의 크기를 결정하는데 있어서 요구하는 사람마다 모두 다르다. 처음 공장 레이아웃을 설계하면서 누구나 봉착하는 어려움이 창고의 적정 규모를 결정하는 일이고, 이것은 늘 논란의 중심에 있다.

너무 크게 하면 공장이 낭비가 있어 보이고 반대로 작게 하면 생산량이 증가할 때 천막과 같은 임시 건물이 필요하기 때문이다. 창고 크기의 적정 규모를 확보한다는 것이 그래서 어렵고 힘든 일이며 공장의 운영 기준이 선결되어야 하는 이유가 된다. 생산물량이 결정되어야 하고 수입부품의 규모는 얼마인지 또한 로컬에서 P/O로 구매하는 자재는 얼마나 되며 목표 재고일수는 얼마로 할 것인지 등의 요소가 먼저 결정된 후에 〈도표 4-02〉의 산출식을 활용하여 구한다.

다음 도표를 잘 이해하고 적정 규모의 창고 크기를 구해보는 연습도
필요하다.

〈도표4-02〉 창고의 적정 면적 구하는 공식

〈자재창고 면적 = 대차면적 + Pallet면적 + Box면적+ Rack면적〉

| 필요 면적 | = | 일 이론치 면적×목표재고일수×(1+여유율) |

$$\text{일 이론치 면적} = \frac{(日\ 생산대수 \times 소요원수) \times 용기면적}{용기당\ 자재수량 \times 적재단수}$$

〈제품창고 면적〉

$$\text{필요 면적} = \frac{日\ 생산대수 \times 제품면적}{적재단수} \times 목표재고일수 \times (1+여유율)$$

※ 여유율 = 1 (Rack간 통로와 GR/GI장소, RMA구역을 감안하여 100% 반영)
※ GR : Good Receipt, GI : Good Issue

보관 물류의 4대 원칙

창고물류를 다루는 데에도 4가지 원칙이 있다. 일품일소(一品一所), 선입
선출(先入先出), 중근경원(重近輕遠), 다근소원(多近少遠)의 원칙이다.

첫째로 일품일소는 1 Material 1 Location을 가리키며 모든 자재는 자
기가 있어야 할 장소가 정해져야 한다는 뜻이다. 이러한 일품일소의 원
칙이 지켜지지 않으면 자재가 섞일 가능성이 크므로 적치할 때나 출고 시
많은 시간이 필요하고 시스템과의 연동도 힘들어진다.

두 번째는 선입선출의 원칙이며 First In First Out(FIFO)이다. 즉 동일
자재의 경우 입고된 순서대로 출고가 이루어져야 한다. 그렇지 않을 경우
최근 입고된 자재 위주로 사용하게 되고 먼저 입고된 자재는 시간이 지나

면서 변질이나 변형 등으로 심각한 품질 문제를 유발하거나 기능이 소실되면서 불용자재로 변한다. 이를 실천하는 방법으로는 시스템에 의한 제어가 가장 좋겠지만 플라콘 타입의 자재나 롤러 등을 자재 박스나 대차 등의 바닥 면에 설치하여 밀고 당기는 힘을 줄이고, 자재를 넣는 곳과 가져가는 곳을 반대로 설치하여 수작업으로 적용하는 방법도 있다.

세 번째로는 중근경원의 원칙이다. 무거운 자재는 운반거리가 가까운 곳에 위치시키고 가벼운 자재는 그 반대로 거리가 먼 곳에 두어 운반과 취급에 따른 피로도를 합리적으로 분배한다.

네 번째는 다근소원의 원칙이며, 사용빈도가 높은 자재는 가까이에 배치하고 빈도가 적은 자재는 먼 거리에 두어 총 운반거리를 줄여서 운반 인력의 생산성을 높인다.

상기 4가지 원칙은 꼭 창고에만 적용되는 것은 아니며 자재를 임시로 쌓아둘 때나 또는 생산용 장비나 설비를 보관할 때에도 동일한 원칙을 적용한다면 운영 효율이 향상될 것이다.

아래 그림을 참고하기 바란다.

〈그림4-08〉

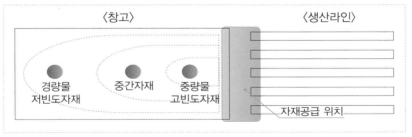

재공물류란 무엇인가

재공물류는 WIP(Work in Process)으로도 불리며 가공단계에 있는 물류를 뜻하는 것으로 각 공정에서 가공이 끝나면 다음 공정으로 이동하기 전까지 일시적으로 보관상태에 있는 물류다. 물론 모든 공정이 일체화되었다면 불필요한 물류가 되겠지만 공정수가 많아서 일관 생산 체계를 실행할 수 없는 경우는 어쩔 수 없이 재공에 대한 일시적 보관물류가 발생한다. 이런 경우에 가장 중요한 것은 'WIP의 품질과 수량의 정확도를 어떻게 유지하고 관리하는가'일 것이다. 완성품이 아닌 이상 대부분의 공장에서는 보관상태나 취급(Handling)상태가 열악하여 불량이 발생한다. 규격에 맞지 않는 용기의 사용이나 과도한 적치로 물리적인 충격을 받기 쉽고, 주변의 먼지나 이물 등의 오염에 노출되기 쉽기 때문이다. 이런 문제를 예방하기 위해서는 규격에 맞는 용기를 사용하여 보관하고 저가의 WIP 창고를 만들어 깨끗한 환경을 구축하고 운영해야 할 것이다.

고가의 Clean Room 대신 비닐이나 투명 천막 등으로 만들 수 있으나 중요한 것은 내부가 보이도록 하여 다른 부품이 혼입되지 않도록 '눈으로 보는 관리'가 이루어지도록 하는 것이 좋다.

재공품의 품질 문제도 중요하지만 재공 재고 수량의 정확도 또한 중요한 이슈가 된다. 생산계획을 수립하려면 완성품에 대한 재고 정보와 곧 완성품으로 이어질 재공의 수량이 동시에 맞아야 생산계획을 내릴 수 있다. 모두가 다 차감의 대상이 되기 때문이다. 또한 재공품의 정보는 공정별로 생산계획대로 생산이 되고 있는지 아니면 어떤 공정에서 문제가 발생하고 있는지를 알 수 있게 하기 때문에 이러한 중요 정보를 만들기 위해서는 공정과 공정 사이에 WIP창고를 만들고 수불을 해야 한다.

WIP로 들어가는 자재는 입고 요청을 하고 WIP관리자(주로 다음 공정의 자재 담당자)가 승인을 하면 입고를 한다. 마찬가지로 출고할 때에도 다음 공정의 자재 담당자가 출고 요청을 하면 현재 WIP의 담당자가 승인을 하고 출고 실행을 한다. 이런 프로세스가 정확이 이루어져야 그 공장의 기본적인 질서가 잡힌 것이며 이러한 질서의 토대 위에서만이 고생산성 확보와 지속적인 혁신이 가능한 것이다. 이와 같이 재공물류를 효율적으로 관리하려면 ERP와 같은 시스템 구축이 선행되어야 하고 여기에 더하여 제조 실행시스템(MES)을 구축한다면 금상첨화라 할 수 있겠다.

아래 그림은 부품공정의 예를 들어 WIP의 재공을 관리하는 사례를 들었다.

〈그림4-09〉 WIP재고 관리 체계

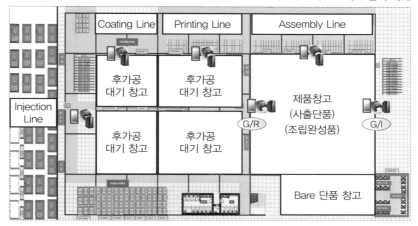

그림에서 맨 왼쪽이 사출라인이고 오른쪽으로 이동하면서 사출창고, 도장라인, 인쇄라인과 조립라인이 차례로 있고, 맨 오른쪽에 완성품 창고가 있는데 각 공정마다 WIP창고가 있어 ERP시스템을 활용한 수불이 일어나고 재공 수량이 집계되는 프로세스를 보여주고 있다.

공급물류는 무엇이고 어떤 것들이 있나

창고나 치장에서 가공이나 조립라인으로 자재를 필요한 시기에 필요한 만큼 정해진 위치에 안정적으로 공급해 주는 것이 공급물류의 최종목표이며 이는 모든 공정에 공통으로 적용된다.

정시정량 공급이 최종목표라고 하지만 후공정의 상황에 맞추어 공급하는 방법이 몇 가지 있다.

〈도표4-03〉

공급방식	내 용
Push	생산계획에 따라 자재를 공급하는 방법
Pull	후공정의 실제 소비 속도에 맞추어 자재를 공급
정기 부정량	일정한 시간 간격으로 소비량 만큼만 공급
부정기 정량	일정한 시간 간격 없이 정해진 양을 공급

〈도표 4-03〉에서 Push공급 방식은 철저히 후공정의 수요예측에 기반을 둔 공급 방식이다. 때문에 수요 예측이 잘못되어 후공정의 소비가 부진할 경우에는 대량 재공이 발생할 것이다.

반면에 Pull공급 방식은 후공정의 요청이 있을 때에만 자재를 공급하기 때문에 부정기 부정량 방식이라고 할 수 있다. 잉여 부품이 생기지 않는 장점이 있으나 수율이 저조한 공정에서는 공급이 부족하여 대기 낭비가 발생할 가능성이 있다. 그 외 정기 부정량은 노선버스 방식과 같이 일정한 시간에 정해진 코스를 따라 이동하면서 자재를 보충해 주는 방식이고 부정기 정량 방식은 관광버스 운영 방식과 같이 공급 요청이 있을 때 박스 단위나 대차 단위로 일정량을 공급해 주는 방식이다.

부품의 공급형태가 몇 가지로 나누어지듯이 부품공급 지시와 시점을 알리는 방법도 몇 가지가 있다. 일반적으로 널리 쓰이는 방법이 콜 시스템인데 대표적인 Pull방식인 셈이다. 소리를 내어 신호를 주거나 안돈과 같이 램프에 불이 들어 오게 하는 방법 또는 전광판 같은 장치를 이용하여 글자로 공급 요청을 하는 방법들이 있으나 이런 방법들은 모두 수동적인 움직임으로 디지털화된 공장에서는 바람직한 방법이라고 할 수 없다. 만약에 공급자가 공급지의 자재 상태를 파악할 수 있다면 자발적이고 능동적인 자재 공급이 가능하게 되므로 이런 수준까지 되어야 최고 수준의 부품공급 방식이 아닐까 생각한다.

디지털 공장답게 시스템 베이스로 부품공급을 하는 방법에 대해서는 다음 3장에서 설명 하기로 하고 용기와 운반 장구들에 관해 알아보자.

공급물류의 중심은 부품을 취급하여 운반용기에 담고 꺼내는 일과 운반장구에 실어서 목적지까지 나르는 일이 있는데, 무엇보다 중요한 것은 옮기기 전이나 옮긴 후에도 부품의 품질에 변화가 없어야 하며 옮겨진 부품의 수량이 정보로 만들어져 숫자의 정확도를 유지해야 하는 것이다.

용기가 박스류일 경우에는 담아야 할 부품의 특성과 형태에 따라 박스의 크기나 내부 칸막이(Divider)의 유무가 결정되겠지만, 가급적 외부 크기를 표준화하여야 운반장구의 적재율을 높여 운반작업의 효율을 올릴 수 있다. 또한 부품을 박스에 담을 때에는 박스 밖으로 부품이 돌출되지 않도록 담아야 하는데 이는 취급과 박스 쌓기 과정에서 부품의 물리적 충격으로 인한 불량 발생을 예방하기 위함이다. 또한 일시적으로나 장기적으로 빈 박스를 보관하여야 하는 경우를 생각해서 접을 수 있는 구조로 설계하면 박스를 보관하는데 필요한 면적과 공간을 최소화할 수 있다. 이는 용기의 견고성과 상반되는 내용이므로 연구와 검토를 통해 공학적인 밸런스를 찾아내야 할 것이다. 일반적으로 박스는 폴리프로필렌(PP) 재질로 압출 성형하여 만든 단프라(DANPLA)를 많이 사용하지만 발포용 폴리프로필렌인 EPP를 금형으로 생산하여 사용하기도 한다. EPP의 경우에는 신재(新材)보다는 사용했던 레진을 재활용하는 것이 비용을 줄일 수 있다. 그러나 박스 형태의 용기는 적재 효율성은 좋은 반면에 운반공수가 추가로 들어가는 단점이 있다.

〈그림 4-10〉은 위에서 얘기한 단프라 박스와 EPP 박스를 사용하여 적재해 놓은 모습이다.

〈그림4-10〉 WIP재고 관리 체계

단프라 박스

EPP 박스

박스형 용기 다음으로 많이 사용하는 용기로는 대차(Trolley)가 있다. 대차 형태는 용기와 운반 기능을 동시에 만족하므로 효율적일 수 있으나 제작 비용이 높고 적재 시에 위험성과 큰 공극률이 발생하는 단점을 가진다. 박스에 비해서는 운반 작업이 용이하고 공수(工數)가 절약되어 노동생산성은 높다. 반복되는 이야기지만 부품 공급의 Key Point는 얼마나 적은 비용으로 품질을 유지하며 공급 타이밍을 맞출 수 있는가가 아니겠는

가. 여기에 목표를 두고 대차를 만드는 다섯 가지의 표준원칙을 설정하였고 내용은 아래 도표를 참고하기 바란다.

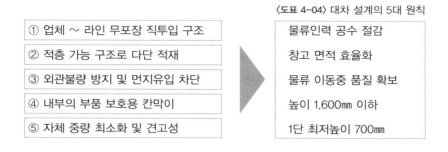

〈도표 4-04〉 대차 설계의 5대 원칙

| ① 업체 ~ 라인 무포장 직투입 구조 |
| ② 적층 가능 구조로 다단 적재 |
| ③ 외관불량 방지 및 먼지유입 차단 |
| ④ 내부의 부품 보호용 칸막이 |
| ⑤ 자체 중량 최소화 및 견고성 |

물류인력 공수 절감
창고 면적 효율화
물류 이동중 품질 확보
높이 1,600mm 이하
1단 최저높이 700mm

〈도표 4-04〉의 5가지 원칙 중에 첫 번째인 '직투입 구조로 설계'를 하는 이유는 부품사로부터 이동했거나 사내 공정에서 이동 후에 다른 용기로 되담기하는 작업이 있다면 대표적인 비효율이다. 한 번 부품을 담은 용기는 추가로 핸들링하는 일 없이 가공이나 조립공정에 바로 투입이 되어야 한다.

두 번째 '적층 가능한 설계'를 요구하는 이유는 공장의 면적생산성을 높이기 위해서다. 대차는 그 자체 사이즈가 크기 때문에 1단 상태로 바닥에만 적치 시에 많은 면적을 필요로 하는 문제가 있으므로 반드시 다단 적재를 할 수 있도록 대차 상단과 하단에 서로 적재가 가능하도록 V-홈을 만들어 제작하여야 한다.

세 번째 '외관 불량을 막고 먼지 유입을 차단'하기 위해서는 전후·좌우·상하 6개의 모든 면에 커버 구조로 설계하고 특히 부품을 넣었다 꺼냈다 하는 전면 커버는 대차 안이 보이도록 커버 전체나 혹은 부분적으로

라도 투명 비닐과 같은 재질을 사용하여 내부가 보이도록 하고 접이식 구조로 하여 사용 편리성을 확보하는 것이 좋다.

네 번째 '내부의 부품 보호용 칸막이' 구조로 만들어야 하는 이유는 운반작업 중에 내부에서 유동이 발생하여 부품끼리 부딪치더라도 기스나 스크래치와 같은 외관 불량이 발생하지 않도록 슬롯 형 칸막이를 만들어 1개 부품 1개 슬롯을 원칙으로 하되, 최대한 2개까지 넣을 수 있도록 한다(부품을 서로 마주보게 하여 넣는 방법이 있음).

마지막 대차의 '견고성이나 저중량'은 생산성이나 비용을 위한 설계 방안이며 도표 오른쪽에 표시된 높이 1,600㎜ 이하는 제조현장의 가시성을 방해하지 않기 위함이고 1단 최저 높이 700㎜는 근골격계 질환을 예방하는 차원에서 작업자의 과도한 허리 굽힘을 막기 위함이다.

공급 용기 필요 수량 구해보기

지금까지 부품공급에 필요한 박스, 대차에 대한 제작 방법, 사용상의 주의점에 대해 알아보았다. 그렇다면 이러한 용기들의 필요한 수량은 어떻게 계산을 해야 할까? 너무 많은 수량을 가지고 있으면 보관해야 할 공간이 부족해서 간이 건물을 증축한다든지 외부 창고를 임대하는 일이 발생하거나 심지어는 관리력이 미치지 못하여 분실을 하는 경우가 있다. 반대로 수량이 너무 적으면 부품을 바닥에 적치하거나 용기 내에 수량을 초과하여 담기 때문에 품질의 리스크를 수반하게 된다. 따라서 적정한 필요 수량이 얼마나 되는지를 파악하는 일은 매우 중요하다고 할 수 있다.

필요 수량을 산출할 때 판단을 어렵게 만드는 것은 대차에 담아서 며칠을 보관해야 하는지가 관건인데, 이 부분은 생산계획을 수립하는 방법

에 따라 달라질 수 있고 부품사의 경우에는 고객사가 요구하는 표준 재고
일 수에 따라 달라진다. 보통 3일 확정을 하는 계획을 운영한다면 사내는
1.5일이다. 부품사는 납품일정을 기준하여 며칠 전에 생산을 시작하는지
를 고려하여 보관일 수를 계산한다.

아래 〈도표 4-05〉에는 용기 필요 수량을 산출하는 공식이므로 실무
에 참고하기 바란다.

〈도표4-05〉

$$\text{필요 용기수} \;=\; \frac{\text{일 생산대수}}{\text{개당 적재수}} \;\times\; \text{소요원수} \;\times\; \text{보관일수}$$

- 일 생산대수   :   성비수기를 고려하여 결정
- 개당 적재수   :   박스 1개 또는 대차 1대에 담을 수 있는 수량
- 소요원수   :   제품 1개에 들어가는 부품 원수
- 보관일수   :   생산공정 수량 + 운반 소요 수 + 후 공정 대기수
  (On Hand + In Transit + User Stock)

상기 도표 중 일 생산대수를 결정하는데 고민이 있을 수 있다. 성수기
와 비수기의 물량의 차이가 심할 경우에는 잉여 개수로 인한 과잉투자라
는 문제가 발생하기 때문이다. 이때에는 극성수기 물량을 제외하고 나머
지 물량에 대해 평균 생산대수를 구하여 운영을 하고 극성수기 물량에 대
해서는 별도의 보관 대책을 세우는 것이 합리적이라고 할 수 있다.

공급 물류에는 박스 운반 및 대차 방식 이외에 운반을 자동화한
AGV(Automated Guided Vehicle)류가 있는데 이 부분은 출하물류에서 다
루도록 하자.

출하물류는 무엇이고 어떤 것들이 있나

출하물류란 생산 완료된 완제품을 배송하기 위한 운반·상차과정과 공장 밖으로 배송하는 출문 과정까지의 프로세스이며 각 프로세스 별로 꼭 알아두어야 할 중요한 내용 위주로 설명하고자 한다.

완제품 운반에서 최근에 가장 많이 사용하는 것은 아무래도 무인 운반차인 AGV이다. 물건을 몸체에 직접 적재하여 운반하는 방식과 물건이 담겨 있는 용기를 끌고 가는 견인타입이 있다. 또 다른 방법은 천정에서 레일을 설치하여 로프를 이용하여 대상 물건을 끌어올리고 이동하는 OHT(Overhead Hoist Transport), 또는 그의 일부 변형 타입이 존재한다. 최근에는 유도 테이프를 사용하지 않는 방식으로 발전되어(TLSGV: Tapeless Self Guided Vehicle) 사용되고 있다.

TV 및 가전제품의 대형화에 따라 완제품의 크기 및 무게가 점점 증가되고 있는 추세에서 손과 발로 적재나 운반을 하는 것은 더 이상 쉬운 일이 아니므로 포장까지 완료한 제품을 기계장치를 사용하여 다루는 것이 더 이상 사치가 되지 않을 것이다. 그렇기 때문에 AGV를 활용한 운반방식은 3D작업의 자동화란 취지에도 부합되는 것으로 효율성 있는 운영을 전제로 권장하는 바이다.

이러한 AGV운영을 효율적으로 하기 위해서는 AGV가 빈 차로 이동하거나 정지하고 있는 일이 없도록 필요 대수를 정확히 산출하여 제작하고, 운반경로와 작업시간에 대한 철저한 분석이 되어야 할 것이다.

예를 들면 제품을 싣고 간 AGV가 돌아올 때에는 포장공정에서 필요한 자재를 싣고 올 수 있도록 작업 배분을 하고 혹시 주행 중에 성능이 떨어지거나 고장을 일으켜 목표지점 중간에 정지하는 일이 발생해서는 안

될 것이다. 이로 인해 작업자가 AGV를 따라다니는 일이 발생한다면 이 것은 도입 전의 수작업보다도 더 낭비가 되는 것임을 알아야 한다.

또한 AGV의 가성비(價性比)는 당연히 높을수록 좋다. 운반 제품의 특성에 따라 힘을 받지 않는 부위는 값싼 플라스틱이나 나무 재질로 만드는 것도 방법이다. 베트남 공장에서는 대나무를 사용하여 만든 AGV를 보았고 중국의 어느 공장에서는 어린아이 장난감으로 판매하던 자동차를 구매하여 제품을 운반하는데 사용하는 것을 보고 놀란 적이 있었다.

사실 위에서 언급한 내용들은 모두 실제 사례를 가지고 이야기한 것이니만큼 도입 전에 효과에 대한 충분한 검증을 하고 효율적인 운영방안을 잘 수립하여 추진하기를 바란다. 결론적으로 제품의 운반은 자동화가 되어야 하며 완전 무인화가 어렵다면 작업 인원을 극소화하는 방안을 강구하라.

출하물류 중에서 제품운반이 이루어지면 곧바로 상차 작업으로 이어진다. 상차는 배송지역에 공급을 위해 트럭이나 컨테이너에 제품을 싣는 것이다. 상차 방법으로는 컨베이어를 이용하여 수작업으로 제품 한 개씩을 들어서 싣는 방법이 있고, 지게차를 이용하여 싣는 방법이 있다.

당연히 지게차를 이용하는 것이 편리하고 효율적인 작업이지만 팔레트를 사용해야 하는 제약이 발생한다. 팔레트가 차지하는 부피만큼 적재율이 떨어지는 문제가 있기 때문이다.

상차 공정에서 우리가 반드시 관리해야 하는 항목이 차량 내 제품 적재율인데 같은 비용을 들여서 운반량을 적게 하면 그만큼 손해를 보게 되고 그런 일을 해서는 곤란하다.

과거 경험을 한 가지 얘기해 보면 어떤 공장에 가서 입고되는 컨테이너의 적재상태를 보다가 기가 막힐 정도로 적재율이 엉망인 것을 볼 수 있었다. 절반이거나 그 이하인 경우가 많았다. 그만큼 관리 사각인 셈이다. 물론 상차 업무를 하다 보면 같은 용량의 컨테이너라도 내부 크기가 조금씩 다르고 MOQ(Minimum Of Quantity) 조건으로 제약을 받을 때도 있다는 것을 알지만 컨테이너 한두 대 정도지 그렇게 많은 컨테이너가 절반 이하의 적재율로 운영된다는 것은 상상할 수 없는 일이다.

다음 도표를 통해서 적재율을 관리하기 위한 산출방식과 컨테이너 종류별로 표준 Size를 도시하였다 이런 기준을 참고하여 출하물류에서 중요한 컨테이너 적재율에 대해 끊임없는 관심과 개선활동을 추진하기 바란다. 물론 컨테이너 Size와 관련해서는 시간이 지나면서 수치가 바뀔 수도 있음을 유념하기 바란다.

〈도표4-06〉 컨테이너 적재율 산출 공식

$$\text{컨테이너 적재율} = \frac{\Sigma(\text{제품부피} + \text{팔레트 부피})}{\text{컨테이너 내부 유효 부피}} \times 100$$

- Σ제품 부피 : 적재 제품의 외관 총 부피
- 컨테이너 내부 유효 부피 : 내부 면적×유효 높이(상단 부위 턱 제외)

〈도표4-07〉 컨테이너 내부 크기

구분	유효부피(CBM)	길이(m)	너비(m)	높이(m)
20ft	31.1	5.89	2.34	2.26
40ft	64.2	12.19	2.34	2.25
40ft_HQ	72.7	12.19	2.34	2.55

'컨테이너 로딩 시뮬레이션'을 통한 완제품 적재율 높이기

앞에서 컨테이너 적재율이 심각히 낮다는 문제점을 이야기하였다. 사실 컨테이너를 Full로 채우지 못하는 데에는 나름대로 이유가 다 있을 것이다. 그렇다고 물류비를 계속해서 낭비할 수는 없는 일이다. 이런 문제점을 근본적으로 개선하기 위해서는 가장 먼저 컨테이너에 실어야 할 제품의 사이즈를 미리 파악하여 놓고 해당 주차에 생산하여 선적할 모델들을 파악하여 상차 전에 미리 가상 선적을 해봄으로써 컨테이너 적재율을 최대로 할 수 있는 방법을 찾을 수 있을 것이다.

이러한 방법을 체계적이면서 시스템으로 실시하는 것이 바로 컨테이너 로딩 시뮬레이션(Container Loading Simulation) 기법이다.

수요 예측과 APS시스템을 기반으로 하는 SCM의 운영 차원에서 보면 MP단계에서 글로벌 물량을 결정하고 각 생산 거점으로 물량을 할당한다. 이때 각 생산 거점은 각자 자원점검을 통해 공급할 수 있는 물량을 RTF(Return to Forecast)로 응답해 주는데 이 단계가 바로 주 단위 SOP가 확정되어 FP모듈로 이관되는 시점이 되고 각 생산법인은 이 단계에서 생산계획을 수립한다. 바로 이때 즉 생산계획 수립 전에 확정 SOP를 기반으로 Loading Simulation을 실시하는 것이다.

시뮬레이션 결과대로 요일 별 일정에 맞추어 생산계획을 수립하면 시뮬레이션 순서에 준하여 생산과 선적이 이루어질 것이다.

다음 〈그림 4-11〉는 컨테이너 로딩 시뮬레이션을 실시하는 프로세스를 그렸다.

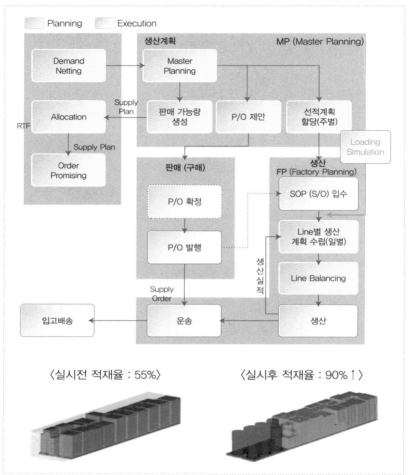

〈실시전 적재율 : 55%〉 〈실시후 적재율 : 90%↑〉

가상 컨테이너 존(Virtual Container Zone)을 만들어 운영하자

앞에서 컨테이너 로딩 시뮬레이션을 실시하여 컨테이너 적재율을 높이는
방법과 운영 체계를 수립하였으나 이것으로 모든 것이 끝난 것이 아니다.

　기준정보의 정확성과 운영의 효율성이 담보되지 않는 한 아무리 좋은
시스템도 그 목적을 달성하기 어렵기 때문이다. 반드시 '가상 컨테이너

존'을 만들어 운영하는 보조 시스템이 병행되어야 하며 추진 목적의 명확한 이해와 100% 실행을 해야만 로딩 시뮬레이션 값대로 공장운영이 되는 건 당연하다.

첫 번째 목적은 상차 대상 제품의 포장상태에서의 사이즈에 대한 기준정보(Master Data)를 검증하기 위함인데 시뮬레이션 결과값 대로 생산계획을 수립하여 생산한 제품을 선적 컨테이너 내부와 같은 크기로 출하장에 장소를 정해 미리 적재를 해두고 컨테이너에 직접 실어 보면 시뮬레이션 값과 실제 값에 어떤 차이가 있는지 확인할 수 있다. 어떤 제품, 어떤 모델의 Size 정보가 틀렸는지 찾아낼 수 있고 그 차이 값대로 기준 정보를 수정하여 보정하는 것이다.

이러한 과정을 몇 번이고 되풀이해서 기준정보의 정확도를 올려야 결국 시스템의 신뢰도를 높일 수 있다.

두 번째로 '가상 컨테이너 존'을 운영하는 목적은 On Time Delivery 실현과 최종 품질의 보증 과정을 한번 더 확보하는 데 있다. 상차 30분 전에 컨테이너 한 대 분을 미리 가상 존으로 옮겨서 적재한 후에 제품의 포장상태나 각종 라벨 그리고 생산 후 바닥 등에 고인 물과 먼지가 제품에 오염이 되었는지 최종 확인을 할 수 있는 시간을 확보하는 일이다. 컨테이너가 도착하면 바로 상차 작업을 실시하는 프로세스를 구축하여 결국은 고객에게 배송되는 시간을 줄이고 빈 컨테이너 상태에서 상차 작업을 대기하는 낭비를 개선하게 된다.

〈그림4-12〉는 '가상 컨테이너 존'에 대한 이미지를 구현하였다.

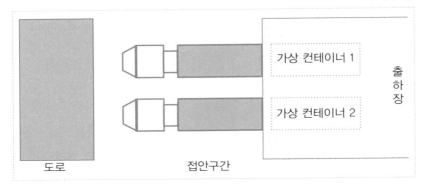

도로   접안구간

가상 컨테이너 1

가상 컨테이너 2

출하장

03 물과 정보를 일치시켜 보이는 물(物)을 만들자

원재료의 구입에서부터 배송, 사내 가공과 조립, 완제품의 상차 및 배송
에 이르기까지 제조물류 전반에 걸쳐 물류가 흐르는 과정 및 이와 관련되
어 발생하는 정보는 수없이 많은데도 불구하고 나는 그것을 체계적인 시
스템으로 연결하지 못한 채 부분적인 시스템으로만 개선활동을 해왔다.
'눈으로 보는 관리'를 구현해야 한다는 당위성에는 많은 사람이 공감하고
있었지만 방법론적인 접근에 있어서는 이렇다 할 아이디어 없이 필요할
때 작은 시스템을 만들어 사용했고 기간 시스템과도 연결되지 못해 늘 아
쉬웠던 적이 있었다.

이 장에서는 제조물류의 첫 단계인 부품 조달에서부터 제품을 출하하
는 마지막 공정까지 공장 안에서 일어나는 모든 물류의 흐름을 대상으로
전체를 하나의 틀로 묶어서 시스템으로 해석하는 페이지로 만들어 볼까
한다. 물론 기간(基幹)시스템인 ERP와도 연계하여 운영 측면에서 훨씬 체
계화된 내용으로 말이다.

어떤 시스템을 개발해도 그것이 기간 시스템과 연계되지 않는다면 구축 효과는 반감될 것이며, 데이터의 신뢰도 또한 떨어질 것이다.

다음 〈그림 4-13〉에 그려낸 것과 같이 제조물류 전반에 걸쳐 시스템화를 성공적으로 만들어 낸 결과는 공장 안에서 진정한 '눈으로 보는 관리' 체계를 실현한 것이며 향후에는 컴퓨터만으로 제조의 전체 공정을 컨트롤할 수 있는 CAM(Computer Aided Manufacturing) 시대의 토양이 만들어졌다고 볼 수 있다.

제조물류 전체 시스템 이해하기

〈그림4-13〉 제조물류 시스템 체계도

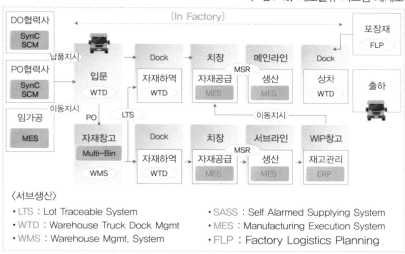

〈그림4-13〉에서 시스템 전개도의 시스템의 상하구성도(Hierarchy)를 보면 상위에 ERP가 있고 그 아래에 제조실행 시스템인 MES(Manufacturing Execution System)가 있으며 그 외 종속적이거나 수평적 지위로써 기타 시

스템들이 자기의 자리를 갖고 있다. 먼저 부품사로부터 자재가 이동하는 것은 부품사에 구축된 ERP시스템에 고객사의 구매에서 납품 지시를 하고 부품사가 보유한 SynC-SCM(이하 부품사 ERP)에서 정보가 처리되어 납품과 배송작업이 이루어진다.

　　외주 임가공 업체는 구매가 아니고 제조의 사급 과정이므로 MES를 통해 이동지시가 되며 이에 따른 반제품의 이동이 이루어진다(이때 부품사 MES시스템 공유 필수). 이때 부품사나 임가공 업체의 입고 차량은 고객사의 WTD시스템에 의하여 입문 시간이 기록되고 하역 장소를 배정받는다. WTD시스템의 목적은 납품차량이 일시에 몰려 사내에서 하역 시간이 길어지고 하역을 위해 차량 정체가 일어나는 문제점을 해소하기 위해 업체 출문 시간부터 고객사의 입문 시간 및 하역 시간 그리고 출문 시간을 관리하는 기능으로, 정시 입문하여 정시에 출문되도록 통제하는 시스템이다.

　　부품사로부터 PO 입고된 자재는 납품사의 창고로 이동되며 이때부터 WMS가 작동하여 자재의 입고와 품질검사, 창고 내에 적치 그리고 출고 프로세스가 연달아 실행된다.

　　시스템의 등급에 따라 적치일과 시간이 기록되어 자동으로 선입선출 원칙이 지켜지며 중근경원이나 다근소원 원칙도 시스템에서 관리가 가능하므로 시스템을 구축할 때에는 이러한 원칙들이 시스템 내에 기능을 구축하여 자동으로 관리가 되도록 해야 한다. 또한 DO 자재로 입고되는 자재라면 ERP 내 LTS에서 입고확인(GR-Good Receipt)과 생산을 위한 출고(GI-Good Issue)가 동시에 처리되어 치장에서 임시 대기하게 되는데 이때 ERP의 입고 정보는 MES에 인터페이스되어 재공 수량으로 관리된다.

또한 모든 치장에서 생산라인으로 공급되는 자재는 SASS(Self Alarm Supplying System)에 의해 관리되는데 기존의 공급 지시는 사용자의 요청에 의해 이루어지는 수동적 공급방식인 반면에 SASS는 공급 시점을 자동으로 판단 · 인식하여 능동적으로 부품을 공급하는 시스템이다. 공급 유형으로 보면 '부정기 정량' 공급 형태로써 지금까지의 부품 공급 패러다임을 혁신적으로 바꾸어 놓은 것이다.

SASS로부터 공급된 부품은 가공이나 조립라인에서 완성품으로 이어지고 생산활동과 관련된 과정이나 결과는 모두 제조실행 시스템인 MES에 의해 정보화되며 MES정보는 ERP로 보내져 데이터베이스화 되는 것이다. 위의 〈그림4-13〉의 시스템 체계도 내에 ERP나 MES와 같은 회사의 기간시스템에 대해서는 너무 많이 알려져 있기 때문에 이 책에서는 특별한 설명을 생략하기로 하고 대신 제조물류와 관련된 시스템 몇 가지를 상세하게 소개하고자 한다.

창고관리 시스템(WMS-Warehouse Management System)

창고관리 시스템 기능은 자재를 입고하여 등록하고, 4대 원칙에 준해서 적치하고 약속된 시간만큼 보관했다가 생산일정에 맞추어 출고하는 것이다.

최소의 재고와 비용으로 소요 자재를 안정적으로 확보하고 공급하는 것을 목적으로 한다. 아래 그림에 입고 과정을 설명한 프로세스 전개도를 참고하여 이해하기 바란다.

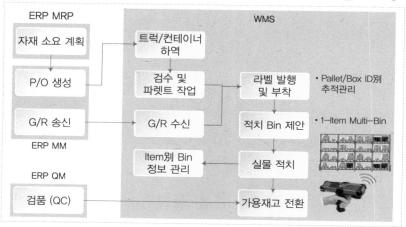

ERP의 MRP(Material Resource Planning)에서 자동 발주(P/O-Purchase Order)한 자재가 입고되면 하역과 검수를 실시하고 고유ID라벨을 발행하여 부착하면 시스템에서 적치할 Bin 번호를 제안해주고 이 정보에 따라 적치를 실시하면 가용재고로 전환된다.

다음은 창고 안에서의 자재관리에 대한 프로세스이다. 창고에 적치된 자재는 자재관리 대상으로 전환되고 이때부터 자재관리가 시작되는데, 자재관리란 생산에 필요한 자재의 입출고 관리를 통해 재고를 최소화하고 재고의 정확도를 높이는 관리기술로 물동관리와 수불관리로 구분한다.

물동관리는 입고, 보관, 출고, 운반 등의 물리적 업무 수행을 말하는 것이고, 수불관리라 함은 재고 통제, 대금 지불, 재고 조사, 부진/불용자재 예방 등 회계관련 업무를 말한다. 또한 자재관리 업무는 재고를 관리하는 것이라고 해도 과언이 아닐 정도로 창고관리의 중요한 업무 중 하나다. 전통적 개념의 재고관리는 재고의 고갈을 초래하지 않을 정도의 최소

한의 재고 수준을 유지하는 것이었지만 현대적 개념의 재고관리는 제조
활동에 필요한 자재를 정시·정량·적소에 공급하여 최소한의 재고로 경
제적 가치를 추구하는 것이라 하겠다. 또한 특별관리 대상 자재는 부진재
고, 과잉재고, 불용재고라는 세 가지 형태로 분류하여 구분한다.

  부진재고는 입고 후 60일이 경과된 자재를 말하며 과잉재고는 보유
재고 중 향후 3개월 생산물량에 사용하고도 남는 자재이며, 불용재고는
과거 3개월간 사용 실적이 없고 향후 3개월에도 생산 계획이 없는 자재
로써 폐기나 전매 등을 추진해야 할 대상이다. 이러한 재고관리에 있어
무엇보다 중요한 것은 과잉재고로 인한 이자 손실 및 재고 유지비용을 최
소화하는 것이며, 동시에 장기보관에 따른 자재의 품질 저하를 막는 것이
다. 때문에 정기적인 재고 조사와, 수시로 Cycle Counting을 병행 실시하
여 매 순간 높은 재고 정확도와 품질상태를 유지해야 한다.

  다음은 자재 출고 프로세스에 대해 알아보자. 〈그림 4-15〉은 출고 프
로세스 전개도이다.

〈그림4-15〉

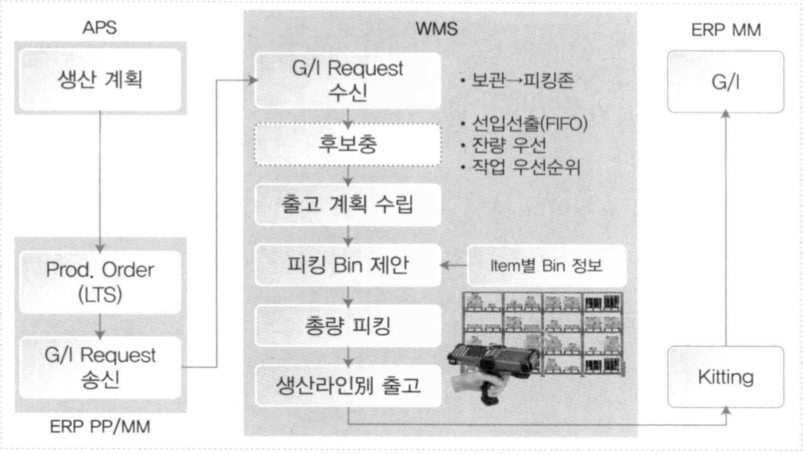

생산계획이 확정되면 PO(Production Order)가 생성이 되고 자재에 대한 출고 요청이 오면 WMS에서 GI Request를 수신하여 출고 프로세스가 개시된다.

출고가 이루어지기 위해서는 해당 자재의 재고가 있어야 하고 선입선출 원칙에 따라 창고 잔량이 우선 공급되어야 하므로 후 보충 과정을 거쳐 출고 계획을 수립한다. 선입선출이 되도록 시스템 내에서 해당 자재의 입고시점 순서로 피킹이 이루어지도록 제안하고, 피킹된 자재는 별도의 용기에 담아 라인별로 공급하는데 공급수량을 한번 더 확인하기 위해 용기단위(Kitting Box)로 수량을 카운팅하는 방법도 있다.

부품 공급 시스템(SASS-Self Alarmed Supplying System)

창고로부터 출고된 자재와 업체로부터 납입된 자재는 모두 생산라인에 공급될 때까지 치장에 모아진다. 이러한 자재들은 별도의 공급 지시를 받거나 자재 공급 요원들에 의해 생산라인으로 투입되는데 사실은 모두가 경험치에 의존하거나 작업자의 요청에 의해 이루어진다.

〈그림4-16〉은 이러한 수동적이면서 경험치에 의존했던 공급 방식에 대한 패러다임을 바꾸어버린 개념으로 완벽히 자율적이면서 능동적인 자재 공급 방식이다.

즉 작업자의 요청이나 물류 작업자들의 라인 순회가 필요 없고 매 순간 작업자가 사용하고 있는 자재의 잔량 정보를 모니터링하여 부품공급 시점을 인식하는 방식이다.

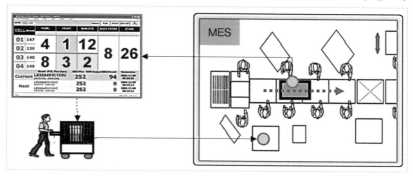

자재의 잔량을 인식하는 메커니즘은 공급량 정보에서 MES의 생산실적 정보를 차감하는 것이며 작업자의 자재 잔량 사용시간이 준비 운반의 시간보다 적을 경우 자재는 Shortage가 발생하므로 준비·운반 시간을 고려하여 공급 지시를 내리도록 프로그램을 짠다.

〈그림4-16〉의 위에 보이는 왼쪽 상단의 숫자판은 4개의 생산라인에 각각 자재의 잔량을 나타내는 패널이다. 흰색 바탕의 자재는 잔량에 여유가 있다는 뜻이고 노란색 바탕의 숫자 3과 2는 자재공급 준비를 알리는 것이며 붉은색 바탕의 숫자 1은 당장 공급을 하라는 의미이다. 이와 같은 시스템을 구축하고 운영한다면 자재 보충을 알리는 벨 소리나 사람의 외침소리, 또한 현장을 배회하며 자재 상태를 파악하는 일들은 제조현장에서 사라질 것이다.

물품표를 부착하여 물과 정보를 일치시킨다

자재를 담고 운반하는 용기에는 박스나 대차가 있음을 앞장에서 설명하였다. 그런데 각각의 용기가 한 개씩 있을 때에는 별 문제가 되지 않지만 여러 개가 겹치고 쌓여 있다보면 어떤 자재가 몇 개가 들어 있는지 파악하기가 곤란하다. 또한 용기가 표준화되어 있지 않을 경우에는 그 곤란함이 더욱 심해서 박스나 대차를 흐트리고 눈으로 직접 확인하는 일이 제조 현장에서 많이 발생한다. 생산계획이 동기화되어 운영할 때에는 다음 공정으로 이동할 시간과 수량이 정해져서 이동 지시가 일어나기 때문에 자재를 담아 움직이는 모든 용기에는 물품표가 있어야 되고, 이러한 물품표는 양식이나 크기, 부착 위치가 표준화되어 있어야 효율적으로 운영할 수 있다. 또한 제조현장 내에는 가공 중인 상태와 가공 대기 상태의 여러 가지 박스나 대차가 모여 있다. 용기가 모여 군집을 이루는 장소에도 물품현황판을 만들어 놓아야 자재를 찾아 돌아다니는 낭비를 없앨 수 있는 것이다.

다음 〈그림4-17〉는 표준화할 물품표의 사례를 들어 설명하였다.

〈그림4-17〉 표준 물품표

물품표를 들여다 보면 자재명과 수량에 대한 정보, 공급회사명, 납품 회사에서 사용될 시간 등의 정보가 있고 이런 정보를 포함한 바코드가 인쇄되어 있다. 부품회사로부터 들어오는 물품표라는 것을 쉽게 알 수 있다. 사내 자재에 대한 이동도 위의 물품표를 참조하여 만들어서 사용하면 된다. 그 다음 물품표와 실제 용기에 담긴 수량이 같아야 하는데 이것을 보증하는 방법이 필요하다. 자재의 낱개 단위로 바코드를 부착하는 방식과 용기 단위로 수량을 확인한 후에 물품표를 발행하는 방법 등이 있는데 이 부분에 대해서는 추가적인 아이디어가 필요하다.

다음은 물품표를 부착하는 방법에 대해 알아보자. 물품표의 색깔과 디자인 그리고 크기는 표준화되었다고 가정하고 용기의 어느 부분에 어떻게 부착하는 것이 좋을까?

당연히 운반 작업자가 확인하기 쉬운 위치에 부쳐야 함은 두말할 필요가 없다. 대부분 용기 상단 오른쪽이나 정가운데를 선택하는데 가장 좋은 위치는 여러 단을 적재한 상태에서도 어느 각도에서든지 물품표가 쉽게 보이는 위치를 정하여 표준화하면 된다.

또한 물품표는 거의 한 번 사용하고 버리는 것이므로 저가 용지를 사용하는 게 좋고 케이스는 탈·부착을 반복해야 하므로 대개는 비닐이나 플라스틱 소재로 만들어 튼튼하게 부착한다.

다음 〈그림 4-18〉은 물품표가 붙어있는 사례와, 비닐소재로 만든 물품표 케이스를 만들어 부착하는 방법을 보여주고 있다.

〈그림 4-18〉에서 대차와 박스에 물품표 부착사례를 볼 수 있다 물품표를 삽입한 상태에서도 내용이 보여야 하므로 흰색 투명 소재로 만들었

고, 삽입 초입부와 가운데를 원형으로 오픈한 것은 물품표를 손으로 밀고
당기고 하는 작업을 편하게 하기 위함이다.

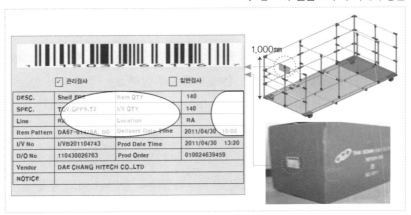

04 제조물류 개선활동의 결과정리는 이렇게

제조물류는 제조의 숲이라고 정의하였다. 제조물류를 개선했다면 제조의
무엇이 좋아져야 할까?

　우선은 사람이나 물동이 정지하지 않고 일을 하거나 흘러야 한다. 고
인 물은 결국은 썩는 법이다.

　제조라인의 스피드나 재고량에 변화가 오면 물류의 문제로 보고 생산
계획부터 점검을 시작해서 파이프라인의 Bottle Neck이 어디인지 찾아내
는 능력을 키워야 한다. 특히 시스템이 잘되어 있을수록 부분의 개선보다
는 전체 프로세스를 시스템 베이스로 이해하면서 계획과 실행 그리고 결
과까지 저절로 흘러가는 물류를 구현시켜야 하며 시스템과 현업이 따로

있다는 생각을 버리고 항상 현장의 모든 정보가 시스템에서 관리되고 시스템을 통해서 현장이 돌아가야 한다는 점을 잊어서는 안될 것이다.

그렇다면 제조물류의 개선활동 결과물은 어떤 것이 있을까?

첫 번째로 공장의 면적이 줄어야 한다. 불필요한 재공과 재고를 없애서 보관 면적을 줄이고 동기화 흐름 생산이 이루어져야 하며, 설비 간 간격을 최소로 하고 건물의 층간 물류를 최소화하며 현장에 불필요한 사무공간이나 여타의 밀폐공간을 반 이상 줄여야 한다.

두 번째로는 제조물류에 전담하는 작업자를 줄여서 제조원가를 낮추어야 한다. 그러기 위해서는 이동 동선을 짧게 하고 핸들링 작업공수를 줄여야 하며 역물류나 교차물류가 발생하지 않도록 물류를 정류화하는 것이다.

세 번째로는 물류 운영비용이 줄어야 한다. 용기나 운반장구의 적정한 숫자를 확보하고 아이디어를 내어 싼 값으로 만들고 취급작업을 표준화하여 손상이 일어나지 않도록 해야 하며 폐자재나 유휴설비 등을 보관하기 위해 외부 창고를 임대하여 운영하는 일 또한 없어야 한다.

네 번째는 공장이 깨끗하고 질서가 있어야 한다. 모든 물건의 정리정돈이나 청소도 제조 물류라고 볼 수 있다. 창고부터 시작해서 자재와 운반용기, 운반장구 등이 자기 자리에 반듯하게 있게 하고 훼손된 것들은 교정하여 즉시 사용 가능한 상태로 보존되어야 하며, 공장의 바닥은 구획정리를 해서 모든 물건이 자기 자리에 위치하고 항상 규칙과 질서가 습관화된 현장의 문화가 살아있어야 한다.

아래 도표를 통해 제조물류 개선활동 결과물들을 경영 성과로 산출하는 사례를 들었다.

똑같은 표현으로 할 필요는 없겠으나 개선활동을 한 결과는 반드시 경영성과로 산출되어야 한다.

〈도표4-08〉 개선활동 결과 정리 예

개선 항목	개선 전	개선 후	성과
물류작업자수	핸들링 30명 운반자 20명 총 50명	핸들링 20명 운반자 15명 총 35명	15명 성인화 (년간 4.5억 절감)
유휴면적	생산라인 0 부대창고 50평	생산라인 50평 부대창고 100평	100평 잉여
물류운영비용	신규제작비 500만원 보수비용 200만원	신규제작비 0원 보수비용 0원	월 700만원 절감
5S3정	70점 수준	85점 수준	표준화 진행 중

만약 제조물류 개선을 실시하고 결과 보고서를 작성할 일이 생기면 〈도표 4-08〉의 내용을 참고로 하면 논점에서 멀어지는 일은 결코 없을 것이다.

제조기술의 심장
끊임없는 원가절감

끊임없는 개선활동을 통해 얻어지는 원가절감과 품질향상이야말로 제조기술의 존재 목적이자 궁극적인 열매라고 할 수 있다. 제조원가는 2장에서 설명을 한 것과 같이 재료비와 가공비 그리고 비용으로 나뉘어지고 대부분의 제조업에서는 각각의 비율이 대체로 7 : 1 : 2정도가 될 것이다. 또한 대부분의 사람들이 재료비는 개발과 구매에서 주관하고 가공비는 제조기술에서, 그리고 일반비용에 대해서는 관리부서에서 주관이 되어 절감활동을 하는 것이라고 생각하고 있으며, 실제로 그런 역할과 Mission으로 일하고 있는 것이 사실일 것이다.

제조기술은 꼭 가공비만을 책임지고 절감하는 부서라고 한정하는 것이 옳은 판단일까?

그런 의문 앞에서 나는 공감할 수 없다. 물론 개발에서 재료비의 많은 부분이 결정되는 것은 맞지만 100% 다 할 수는 없는 것이며 실제 재료를 사들이는 구매부서가 일정 부분을 해결해야 할 것이고, 제조기술도 부품회사의 공정을 개선해 준다든지 아니면 개발에서 미처 생각하지 못한 아이디어를 내어 재료비 절감에 도움을 줄 수 있을 것이다. 제조기술이 그런 노하우가 얼마든지 있다고 본다.

사실 부품의 가격이 결정되는 과정을 보면 부품회사의 원가와 이익금액이 반영되는데 이런 원가는 어느 회사나 비슷한 구조를 가지고 있어서 상호개선의 기술을 공유한다면 얼마든지 원가를 낮출 수 있고, 이를 통해 부품회사도 판매 가격을 조정할 수 있다고 생각한다.

지금까지 우리는 제조원가를 낮추기 위한 종합적인 개선활동을 많이

해왔고 지금 이 시간에도 그런 일들은 진행 중에 있을 것이다. 하지만 근래에 원가를 개선하는 새로운 방법이나 기법들이 개발되지 않아서 재래의 방식에서 벗어나지 못하고 비슷한 일들만 되풀이 하고 있는 실정이다.

이러한 상황을 바탕으로 5부에서는 아직까지 경험하지 못한 새로운 원가절감 기법을 소개하려고 하며 가능한 이 새로운 기법이 짧은 시간에 널리 이해되어 부품을 제조하든지 완제품을 제조하는 회사든지 제조경쟁력을 극대화할 수 있기를 바라고, 그 결과가 한국의 제조업을 발전시켜서 이익경영의 습관화 단계로 도약할 수 있기를 바라는 마음이다.

01 Value Chain과 부가가치

Value Chain(가치사슬)이란 요약된 경제용어로써 기업활동에서 부가가치를 만들어 내는 조직이나 기능이 상호 Network를 형성하여 수익을 창출하는 과정이나 활동이라고 할 수 있다.

1985년 미국 하버드대학교의 마이클 포터(M. Porter)가 모델로 정립한 이후 광범위하게 활용되고 있는 이론의 틀로써 부가가치 창출의 범위는 '원재료 구입 → 재료관리 → 제품생산 → 운송 → 판매(수익창출)'와 같이 직접 부가가치를 창출하는 주기능과 개발, 소재연구, 인사관리 등과 같은 지원기능으로 분류된다.

회사는 이러한 Value Chain의 혁신활동을 통해 이익을 창출해 가는 것이다. 즉 창출된 부가가치 금액이 사용한 총비용보다 많으면 바로 이익경영이 되는 것이다.

또한 특정 기업이 경쟁사들보다 경쟁우위를 가지기 위해서는 Value

Chain상의 가치활동을 경쟁사보다 더 효율적으로 수행하여 비용 절감을 이루거나 경쟁사와는 다른 방식으로 수행해 판매단가를 올리는 것이 부가가치를 배가시키는 올바른 혁신의 방향이 된다.

Value Chain상에서 제조활동은 부가가치를 창출해 내는 핵심 기능으로써 제조원가를 낮추고 품질을 향상시키는 가장 중요한 부문이 아닐 수 없다. 그러나 제조가 완제품만 있는 것이 아니고 부품을 제조하는 회사도 있고 특히 공수를 비교해 보면 부품회사가 훨씬 많은 비중을 차지하고 있음에도 불구하고 상대적으로 우수한 인력과 개선 기법들을 완제품 회사가 더 많이 보유하고 있는 아이러니를 발견하게 된다.

더군다나 구매비용과 부품회사의 가공과정이 투명하게 오픈되어 있지 않기 때문에 누구나 이를 평가하고 개선하는 일이 쉬운 것은 아니다. 언제 어떤 방법으로 만들어져 우리회사로 들어오는 것인지 구매부서나 개발부서 사람들이 일부 알고 있는 것을 제외하면 정보가 거의 없는 실정이고, 완제품 공정만 개선한다고 해서 총원가가 목표한 만큼 개선되지 않는다는 것은 독자 여러분들도 쉽게 이해가 가는 사항이라 생각한다.

앞으로 설명할 새로운 원가개선 기법은 완제품 공정에서 주로 이루어지던 원가절감 활동을 부품공정으로까지 Value Chain의 범위를 확대하고 개선의 눈을 크게 떠서 살피는 것이다.

부가가치를 극대화하기 위해서는 불가피한 선택이며 창출된 가치를 완제품과 부품이 나누어 가지도록 한다는 점에서 기존의 방식과 차이가 있고 또 다른 가치가 창출된 것이라 하겠다.

개발, 부품 구매, 제조기술, 제조, 판매 부문이 형성하는 Value Chain을 〈그림 5-01〉에 표현하였다.

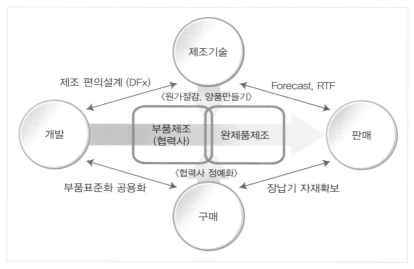

〈그림 5-01〉의 Value Chain상에서 각 부문의 부가가치를 극대화하기 위한 전략으로 개발은 제조 편의성을 최우선 하여 설계를 해야 하고, 구매에서 부품을 조달하는데 어려움이 없도록 부품의 표준화, 공용화 설계를 선행하여 추진하며, 제조기술과 영업은 Forecast와 RTF에 대한 신뢰를 바탕으로 각각 생산요청과 함께 제품을 공급하여야 한다.

구매부서는 생산 차질이 발생하지 않도록 부품을 조달하여야 할 것이며 특히 장납기 자재에 대해서는 선행확보를 목표로 납품지시 시스템을 개선해야 하고 동시에 지속적으로 부품공급 회사에 대한 정예화, 이원화를 추구한다. 또한 제조기술은 부품 공정과 완제품 공정에 대해 지속적인 원가절감 활동을 추진하면서 '100% 양품만 생산하는 시스템'을 만들어 구축한다.

가치 사슬로 엮어지는 모든 부문이 고유의 업무는 물론이고 상호 유관부서와 완벽한 협업체계가 구축되고 운영되어야 최대의 부가가치를 창출할 수 있다.

이를 위해 향후 제시할 새로운 부가가치 창출 방법에 주인의식으로 무장하고 종래의 방식에서 탈피하는 과감한 혁신활동을 함께 추진해야 진정한 제조경쟁력을 확보할 수 있다고 믿는다.

02 제조원가를 해부하는 맥박(MACVAC)

MACVAC은 Map of Cost for Value Chain을 약자를 따서 사용한 용어이고 우리말로 '맥박'이 되며, 의미를 해석하면 Value Chain상에서의 Cost 지도를 뜻한다.

병원에서 의사가 환자를 대하면 제일 먼저 하는 의료행위가 맥박을 짚어보는 일이다. 맥박을 통해서 환자의 문제점을 파악한다는 점에 착안하여 Value Chain상의 Cost 문제점을 찾아내기 위해서 같은 의미의 용어를 생각하다 보니 만들어진 이름이다. 제조의 가치사슬에 대한 건강상태를 체크하는 것이라고 이해하고 읽어주기 바란다.

여기까지 책을 읽으면서 따분하고 지루했을 것이라고 생각이 들지만 MACVAC을 기반으로 하는 어떠한 분석 기법도 지금의 시장에서는 존재하지 않는 새로운 방법론이므로 정독을 통해 이 장에서만큼은 확실히 이해하기를 바라는 마음이다.

나도 30년 가까이 제조기술에서 원가를 절감하는 활동을 해왔다고 소개를 하였지만 신모델 개발 단계에서 일부 재료비를 절감하는 방안을 피드백하거나 IE기술을 활용하여 가공비를 절감한 것이 전부였다. 당연히 목표달성이나 성과에는 한계가 있을 수밖에 없었고 그런 활동을 반복하는 것이 지루하고 재미없는 일로 받아들여지고 있던 차에 어느 경영자 한 분의 지시로 '제조계통도'라는 것을 생각하기 시작하였다. 그것이 밑거름이 되어 현재의 MACVAC이 탄생되었고 시간이 지나면서 분석방법이 정교해졌을 뿐만 아니라 분석과 활용 범위도 넓어졌으며 내제화의 가치를 발견한 원동력이 되었다.

MACVAC분석도는 밸류 체인에 대한 코스트를 분석하는 것으로써 다른 용어로 '제조계통도'라고 부르기도 한다. 이런 맥박계통도에는 〈도표 5-01〉과 같이 조달계통도, 공정계통도, 제품원가계통도, 부품원가계통도로 구분하여 네 가지 종류가 있고 각 종류별로 분석 목적과 특징이 다르기 때문에 어느 한 가지라도 분석이 미흡하면 전체 절감효과가 반감될 수 있다.

어쨌든 MACVAC 분석으로 얻어지는 효과는 쉽게 예상할 수 없을 만큼 다양한 솔루션과 결과를 얻을 수 있으므로 분석 초기 단계에서부터 분석 범위와 일정 계획을 잘 수립하여야 하며 무엇보다 관련부서의 적극적인 협력을 끌어내는 것이 중요하다.

〈도표5-01〉 MACVAC 계통도의 종류와 분석항목

조달계통도	공정계통도	제품원가계통도	부품원가계통도
내제화 현황 구매소싱 현황 부품/반제품 현황	협력사 현황 재 외주 현황 공정수	부품/반제품 현황 표준가공시간 사내가공비	원재료 단가 사외가공비 가고임율

도표에서 내제화라는 의미는 회사가 자체 보유한 공장에서 생산을 하

여 조달한다는 의미로 통상 구매에 의한 부품의 조달형식과 비교되는 개념이다. 또한 구매소싱이라는 말은 구매를 하는 지역과 장소를 의미하고 반제품은 두 개 이상의 부품을 조립하였지만 아직 완제품에 이르지 못한 상태를 가리킨다. 또한 공정수는 가공하는 공정의 숫자이고 사외 가공비는 부품을 생산하는 회사에서 사용한 가공비를 나타낸 것이며, 가공임률은 사내이든 사외이든지 가공에 소요된 분(Minute) 단위 비용을 의미하는 것이다.

이 밖에도 여러 가지 분석항목이 있으나 "03 MACVAC 분석도의 종류와 내용"에서 추가로 설명하겠다.

03 MACVAC 분석도의 종류와 내용

원형타입의 조달계통도

우선 원형타입으로 그려지는 조달계통에 대해 설명하겠다. 조달계통도는 〈그림 5-02〉처럼 원형으로 그려서 조달하는 형태를 보여 주지만, 같은 크기의 원형으로 그렸다 하더라도 내부의 색깔을 다르게 나타내어 차이점을 비교 분석하는 것이다.

이러한 방법으로 조달계통을 분석하여 보면 같은 제품의 같은 모델을 생산하고 있다고 하더라도 내제화나 소싱 방법에 따라 제조에 사용한 원가나 품질 수준은 서로 다를 것이다. 그림을 참조해 아래에서 설명하는 부분을 잘 이해하기 바란다.

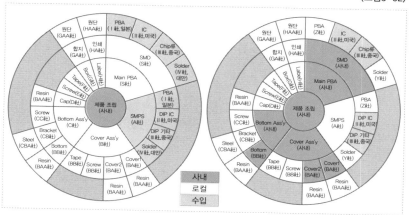

조달계통도를 그리는 목적은 제조 공정이 얼마나 분석 대상 회사의 사내에 존재하는지에서 출발한다. 즉 내제화 비율을 분석하고 핵심 공정이 무엇이며 부가가치를 더 발생하는 회사가 어디인지를 분석하기 위함이다. 또한 구매 소싱은 사내 공장이 있는 지역에서 하는지 수입을 통해 하는지 등 제조경영의 기본적인 부가가치 사슬을 파악하는데 첫 번째 목적이 있다고 하겠다.

부품회사의 의존도나 수입비율을 파악하기 위하여 원형의 그림과 색깔을 사용하였다. 원의 중심은 완제품을 만들어 내는 최종 조립공정이 되며, 원의 중심에서 바깥 방향으로 이동해 갈수록 제품의 하위 레벨에 해당하는 반제품이나 부품을 공급하는 회사가 되는 것이다.

초록색으로 칠해진 부분은 회사가 자체 보유하고 있는 공장에서 생산한다는 뜻의 내제화 공정이고, 흰색은 그 공장이 있는 지역(Local)에서 구매하여 조달하는 것을 가리키며 파란색은 수입을 통해 구매하는 자재를 구분하여 표현한 것이다.

조달계통도를 통해 얻을 수 있는 것은 얼마나 부가가치를 외부에 주고 있는지에 대한 정보와 전체 부품회사에 대한 숫자의 규모나 거래 형태, 부품사의 위치에 따른 경쟁력 검토를 하는데 필요한 정보다. 또한 핵심 공정을 발굴하여 향후 제조경쟁력 향상을 위한 구조개선을 실시하는데 필요한 정보를 얻게 되며 수입 부품에 대한 분석이 가능하므로 지속적인 로컬화를 추진하는 과제가 발굴된다. 또한 수입의존도가 높은 공장은 부품을 보관해야 할 창고가 필요하고 또 그것은 운영하는데 비용이 발생하므로 경쟁력을 저하시키는 조달방법이라고 할 수 있다.

〈그림 5-02〉에서 보면 왼쪽보다 오른쪽 계통도가 내제화 비율은 높고 수입 의존도가 낮기 때문에 현재 구조에서는 원가와 품질 경쟁력에서 앞서가는 공장이라고 할 수 있겠다.

조달계통도 분석의 목적이 핵심 공정의 내제화에 있다고 하였다. 그렇다면 핵심 공정은 무엇이며 내제화를 하면 무엇이 유리해지는지 궁금할 것이다.

당연히 내제화를 추진하는 목적은 Value Chain상에서 부가가치를 더 창출하는데 있다. 핵심 공정은 우선 구매하는 자재 중에서 Cost가 가장 높은 것이 선택될 것이며 그 다음 품질문제를 계속하여 발생시키는 자재가 선택이 될 것이다. 그 다음은 부품사에서 불량률이 높아 손실을 계속 발생시키는 자재가 될 것이다. 내제화를 하면 우선 문제점이 쉽게 발견된다.

또한 회사 내에는 개발이나 제조기술의 높은 역량을 확보하고 있음으로 문제점에 대한 개선이 빠르게 이루어진다. 개선된 문제의 이력을 잘 보관했다가 재발을 방지할 수가 있는 장점이 있는 반면에 공정을 사내로 가지고 오면 가공비가 높아질 우려가 있다. 부품사와는 기본적으로 임금의 수준이 다르기 때문이다. 또 한 가지는 내제화 부품을 제조하는 기술이 없는 경우에는 수율이 저조하게 되어 오히려 비용을 상승시킬 우려가 있다. 즉 불량발생이 많아서 원재료 폐기비용이 부품사로부터 구매하는 비용보다 높은 경우가 있을 수 있다는 뜻이다.

이러한 관점에서 득과 실을 충분히 검토하여 추진하지 않으면 내제화 이후에 곧바로 다시 외주화로 원위치 되는 등 복잡한 상황이 발생할 수 있기 때문이다.

수입자재는 가급적 로컬화를 추진하여 재료비 부담을 낮추고 로컬화된 자재는 생산계획 확정 후 납품 지시를 통해 조달을 받을 수 있게 프로세스를 개선해 주어야 추가로 비용을 줄이게 된다. 이러한 조달계통도의 장점을 잘 살리기 위해 가급적 두 개 이상의 생산 거점을 분석한 후 서로의 결과를 비교 분석해 보며 그 차이점에 대한 장단점을 비교해 보는 것이 좋다.

어느 거점이 더 경쟁력이 있는지 상호 벤치마킹을 추진하여 더 합리적인 방법을 찾아 부가가치를 높인다면 최적의 생산 거점으로 운영할 수 있을 것이다.

공정계통도

다음은 공정계통도에 대해서 알아보자. 〈그림 5-03〉은 특정제품의 공정계통도를 분석한 사례이다.

그림에서 보는 것과 같이 공정계통도는 제조과정의 모든 작업에 대해 제조공정의 위치와 공급루트(Route)를 점과 선으로 연결하여 한눈으로 파악할 수 있게 도식화한 것이다.

공정	모듈(SDTJ)	외부1	외부2	외부3	외부4	외부5	비고
4. A1 공정	●						
− B자재 생산							
− NC 가공						업체명(지역) ●	
− CU 도금						●	
− 패터닝						●	
− 타발/검사					업체명(지역) ●		
− 최종검사				업체명(지역) ●			
− FPCB 재포장			업체명(지역) ●				
− SMD		업체명(지역) ●					
− C자재 부착	●						
− 본딩	●						
5. A2 공정		Glass 원판(코닝, 미국), Film(태양기전,한국/시노팩스,한국/SSNT,한국)					
− 원판가공					업체명(지역) ●		
− 물류창고				업체명(지역) ●	업체명(지역) ●		
− Cutting					업체명(지역) ●		
− 창고				업체명(지역) ●			
− CNC 가공			업체명(지역) ●				
− 연마, 강화			●				
− D자재 부착			●				
− Coating			●				
− E자재 부착			●				
− 검사		업체명(지역) ●					
6. 후가공	●						
7. 조립/검사/포장	●						
8. 출하	●						

가장 왼쪽에는 분석하고자 하는 반제품이나 완제품의 공정을 표기하고 다음 오른쪽 순으로 이동하면서 사내 공정 부품사1, 부품사2, … 부품사 N의 순서대로 가공 공정을 표기하고 가급적 최초 공정인 원재료까지 분석하여 부가가치가 일어나는 가공 공정을 누락 없이 표기한다.

이런 과정에서 해당되는 외주 공정이 몇 개의 단계로 몇 개의 부품사를 거쳐 사내로 입고 되는지 알 수 있으며 사내 가공 공정을 거친 부품을 다시 외주 처리하는 사실도 발견하게 된다.

부품사의 단계가 많을수록 포장과 운반비용이 계속 발생하고 많은 부품사를 여러 번 거치게 되면 제조 리드타임도 길어진다. 이로 인해 부품사가 생산을 시작하는 시점은 생산확정일 전에 생산하게 될 것이고, 고객사의 계획변경으로 부진 재고나 장기 재고가 만들어지게 된다.

무엇보다도 더 큰 문제점은 여러 부품사에서 발생하는 간접 비용이 모두 더해져서 최종 고객사의 구매 비용으로 발전한다는 사실이다. 이것이 재료비를 상승시키는 금액이며 이는 고객이 가치로 인정해 줄 수 없고 쉽게 판가인상으로도 연계할 수 없기 때문에 경영자가 안게 되는 고민거리가 된다.

이러한 상황에서의 해법은 N차 부품사의 가공 단계를 1차나 2차에서 모두 가공될 수 있도록 구조를 개선해야 하고 그런 방법으로는 상대적으로 규모가 있는 부품사에 설비 투자를 유도하여 일체화 생산이 되도록 기술이나 인적 자원을 지원하는 방법이 있다.

대표 부품사에 일관 생산체계를 구축한 다음에는 단수업체의 리스크를 줄이기 위해 복수의 협력사를 운영해야 할 것이다. 두 개 이상의 부품사에 선의의 경쟁을 유도하고 제조역량을 상향 평준화시켜 부품사의 제조기술력과 경쟁력을 향상시켜 운영하는 것이 베스트(Best)다.

재외주처리 공정에 대해서는 추가로 설비투자를 해서라도 내제화를 추진하든지 아니면 자체 공정을 외주로 이관하여 어느 쪽이든 일체화 생산이 가능하도록 하는 것이 올바른 개선이다.

결론적으로 회사별로 구매부서가 역점을 두고 추진하는 부품사 정예화나 공급단계 축소운영으로 부품의 물류비용을 줄이고 신공법 신기술을 지속 공유하여 부품사별로 자체 혁신활동을 추진하도록 설득하고 유도해야 할 것이다.

다음 그림은 공정계통도를 분석하고 개선한 사례를 그림과 함께 표현하였다. 개선 전과 개선 후를 비교하였으니 그 차이점과 개선 포인트를 통해 잘 이해가 되었으면 한다.

〈그림5-04〉

개선 전

공정명	사내	외부1	외부2	외부3	외부4	외부5
- 원자료 생산						(A社)
- 가공 1					(B社)	
- 가공 2				(C社)		
- 가공 3			(D社)			
- 가공 4						
(사내입고)		(E社)	다단계물류			
- 조립		역물류				
- 검사/포장		(F社)				
- 입고검사						
- 포장						
- 출하						

개선 후

공정명	사내	외부1	외부2	외부3	외부4	외부5
- 원자료 생산			(A社)			
- 가공 1		(B社)				
- 가공 2						
- 가공 3			일괄생산			
- 가공 4						
(사내입고)						
- 조립		내제화				
- 검사/포장						
- 입고검사						
- 포장						
- 출하						

위의〈그림 5-04〉에서 왼쪽은 다단계의 부품사 공급 루트로 구성되어 낮은 원가 경쟁력뿐만 아니라 품질 리스크도 크고 리드타임도 길어서 경쟁력이 전혀 없는 경우이다. 이런 구조는 오른쪽 그림과 같이 다단계 공정을 거의 1차 부품사에서 일체화 생산으로 개선하였고 일부는 사내로 내제화를 추진하였다. 그 결과 부품사의 제조 리드타임은 짧아지고 3차에서 5차까지 운영하던 구조가 없어지면서 고객사와 동기화 생산계획 운영도 가능한 수준이 되었다.

제품 원가계통도

원가계통도는 글자 그대로 모든 원가정보가 들어있는 계통도를 의미하며 고객사의 관점에서 분석하는 것을 '제품 원가계통도', 부품사 공정을 중심에서 분석하는 것을 '부품 원가계통도'라고 분류한다.

도식 방법으로는 아래 그림에서 나타냈듯이 사각형을 사용하여 필요한 정보를 기입하는데 사내 공정 좌우로는 반제품을 배치하고 아래에는 단품으로 구매하는 부품을 배치한다. 이렇게 배치방법을 표준화하면 복잡한 형태의 구조를 갖는다 해도 분석 결과를 파악하는데 용이할 것이다.

〈그림5-05〉

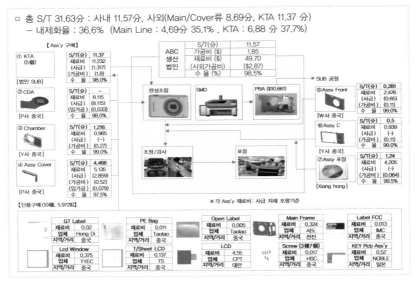

제품 원가계통도에는 주로 재료비, 가공비, 수율 등의 정보를 분석하여 기입한다. 이런 정보를 통해 사내에서 조립하는데 필요한 반제품과 단품 부품의 구매현황을 확인하고 전체 재료비 수준뿐만 아니라 사내 사외 가공비와 임률 등을 파악할 수 있다.

제품 원가계통도를 작성하고 나면 첫 번째로 내제화 대상 자재를 선정한다. 현재의 구매 가격과 내제화 시 비용을 분석하여 상호 비교를 통해 원가절감 가능 금액을 산출한다.

내제화 대상이 없으면 공급 회사의 수율과 품질 수준, 부품사 내부 가공비를 결정짓는 임률의 합리성을 검토한 후에 부품사 간 비교하고 사내 임률과도 비교하여 불합리한 가격을 개선한다.

두 번째로는 부품사의 생산성을 개선하여 가공비를 절감하는 계획을 세운다. 사출 부품을 예로 든다면 설비 톤 수와 금형 구조를 검토하여 한 번에 여러 개의 부품을 생산할 수 있도록 복수의 캐비티(Cavity) 금형이나 패밀리 금형으로 구조를 개선하여 생산성을 높이는 아이디어를 내고, 노동생산성을 개선하기 위해 표준시간부터 공수관리 현황을 체크하고 지도한다. 부품사 입장에서는 표준시간을 길게 가져가야 단가 결정에서 유리한 여건이 조성되기 때문에 대부분 고객사 제출용과 내부 관리용으로 이원화하여 관리하는 경우를 보았다.

세 번째로는 부품사의 생산설비나 공장 레이아웃 등에서 비합리적인 낭비가 없는지 전문가를 투입하여 진단한다. 조립 공정의 생산성을 예로 든다면 일체형 CELL 생산 시스템 구축이나 LOB율을 높이는 제조 혁신 활동을 유도하여 지속적으로 내부 가공비를 절감하여야 한다.

네 번째로 부품사 품질수준을 점검하여 종합 수율을 올리고 넥크공정에 대해서는 근본적인 설계 개선이나 간이 자동화를 추진하도록 기술 지원을 한다. 품질수준을 점검할 때에는 전체 공정을 대상으로 총불량률 개념으로 데이터를 관리하는지도 반드시 확인해야 하는 항목이다.

불량률은 어느 특정공정만 하는 것이 아니고 총불량률을 관리해야만 실질적인 성과가 있다.

이상과 같이 제품 원가계통도로부터 얻어지는 여러 가지 정보를 활용하여 종합생산을 향상하는 활동을 실시하고 그 결과를 통해 합리적인 구매 가격을 조정하여 개선한다.

부품사의 생산성은 대부분 설비생산성이나 노동생산성에 의하여 가공비가 결정되기 때문에 이러한 진단은 불가피한 과정이 될 수밖에 없다. 추진 과정에서 서로가 원원(Win-Win)의 결과가 나오도록 사전에 충분한 협의를 거치고 원가 개선활동의 결과치를 50%씩 나누어 가지는 룰을 정해서 실천하면 서로 간에 불필요한 오해를 불식시킬 수 있고 적극적인 참여로 활동성과가 기대치보다 향상될 수 있다.

부품 원가계통도

부품 원가계통도는 부품이나 반제품을 공급하는 부품사 관점에서 원가계통도를 분석하는 것이다. 제품 원가계통도에서 중심에서 보면 여러 개의 공급 회사가 있고 또한 같은 공급사에서 복수의 부품을 공급할 수도 있다. 그렇기 때문에 부품계통도의 필요 숫자는 제품계통도에서 배열된 숫자와 같다.

예를 들어 〈그림 5-05〉에서와 같이 반제품 공급 숫자가 7 개이고 단품으로 납품하는 숫자가 10개이므로 필요한 부품계통도는 17개를 작성해야 하나, 단품은 보통 생략하고 반제품 7개에 한해서 부품계통도를 작성한다. 다음 그림은 그 중의 한 가지에 대해 예를 들었다.

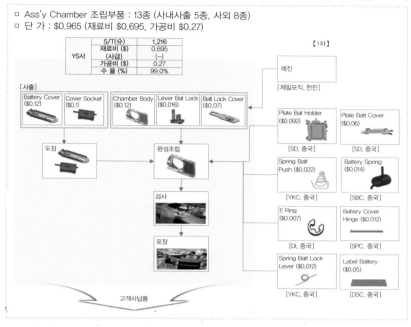

부품 원가계통도에서 중요한 것은 얼마나 정확하고 상세하게 내용을 파악하는지에 따라 그 결과가 크게 다를 수 있다. 예를 들어 금속 프레스 부품을 납품하는 회사가 분석 대상이 된다면 원광석으로부터 제철소에서 생산하는 원판까지 분석이 이루어져야 한다. 그래서 발주회사와 공급회사가 서로 협업하여 그 과정에서 가격이 왜곡된 것이 있는지를 파악하고 큰 그림에서 가격 형성의 구조를 다시 검토해야 문제의 근본을 개선할 수 있다.

대부분의 2차, 3차 공급 회사들이 운영하는 외주사들이 경영상태가 베일에 가려져 있거나 회사만 있고 실제 납품은 제조를 위탁 받은 회사에서 실행을 하는 경우도 있기 때문이다. 부품사의 관점에서 보면 또 다른 구매 행위가 일어나고 그 결과가 마지막 고객사의 가격으로 바뀌기 때문에 반드시 개선이 필요한 부분이다.

부품 원가계통도를 분석하고 개선하는 절차나 방법은 앞에서 설명한 제품 원가계통도를 개선할 때와 대부분 같은 개념으로 추진하면 되기 때문에 여기서 추가 설명은 생략하기로 하자.

04 부품이 명품이라야 제품이 명품이 된다

앞장에서 설명한 계통도 분석을 통한 개선활동은 개선의 주체나 혹은 객체가 부품사일 수밖에 없다. Value Chain의 시작이 부품을 납품하는 부품제조 회사에서부터 출발하기 때문이다.

아무리 완제품 공정에서 양품 만들기 운동을 한다 해도 그 속에 들어가는 부품이 양품이 되지 않는다면 양품의 제품을 만든다는 것은 요원한 메아리일 뿐이다. 부품이 양품이 되기 위해서는 우선 부품을 만드는 회사가 명품을 만든다는 생각으로 전체 프로세스를 혁신해야 하고 이를 추진하기 위해서는 회사 차원의 혁신전략이 필요하다.

무엇보다 먼저 내부의 제조역량을 제고하고 실행력을 갖추는 것이 필요한데 이런 것들을 단기간에 확보한다는 것이 결코 쉬운 일이 아니다. 기술인력을 확보하고 설비투자가 동반되어야 가능하기 때문에 이를 모두 부품회사에게 부담시키는 일은 실패를 예견하면서 추진하는 무모한 일이 될 수 있다.

부품사 개선활동을 지원하면서 흔히 보게 되는 현상은 혁신활동 초기와 달리 어느 순간에 이르면 추진 동력을 잃고 멈춰 있는 것이다. 이러한 문제를 극복하고 부품사 부품에 대한 명품 만들기 운동을 추진하기 위해서는 고객사를 중심으로 부품사와의 상생협력을 목적으로 여러 형태의 상호 Co-working을 하는 것이 필요하며, 때로는 정부기관이 나서서 중소 · 중견기업과 대기업 간의 협력활동을 지원하기도 한다.

S사에 근무할 당시에도 핵심 부품사에 대해 기술과 자본을 투입하여 기술지원을 추진한 사례가 있었으며 활동하는 동안 어느 정도의 추진 목표를 달성하고 부품사로부터 호응을 받기도 했다.

부품사의 품질과 생산성 그리고 프로세스와 시스템 역량을 향상시키고 그런 결과로 부품사의 제조경쟁력이 향상되면 그만큼의 물량을 더 할당함으로써 선순환의 구조를 만들어낸 것이다. 자본의 투자 없이 기술과 인력지원 체계만 가지고 활동을 시작하면 대부분의 부품사가 마지못해 혁신활동에 참여를 하겠지만, 열정과 적극성 없이 그냥 따라왔다는 것이 당시 나의 기억이다.

기억을 되돌려 생각해 보면 당시에 협력회사 공정에 무상으로 자본을 투입한다는 것이 결코 쉽지 않은 상황이었지만, 명품 부품을 만든다는 일념으로 프로젝트에 필요한 비용을 승인해준 경영자의 결정은 지금도 존경스럽기만 하다.

'모나미 프로젝트 추진'이나 '베스트 컴퍼니 만들기'가 당시 상생협력 활동을 한 대표적인 사례였는데, 우선 모나미 프로젝트를 소개해 보고자 한다.

우리말 모나미는 영어로는 Monami로 쓰고 볼펜 상품명으로 시장에 출시되어 많은 사랑을 받았던 제품명이다. 그런데 이것을 불어와 영어, 한글로 차례로 풀어보면 'Mon- My-나의'이고 'Ami-Friend-친구'라는 뜻이니 'Monami-My Friend-나의 친구'라는 뜻이다. 즉 부품사를 일반적인 파트너로만 보지 않고 친구로 생각하고 일을 하면 소통하기가 쉽고 내 일처럼 책임감 있게 일을 추진하게 된다는 뜻으로 프로젝트 이름을 만들었다.

혁신활동을 하다 보면 프로젝트 네이밍(Naming)이 반 이상의 성과를 보장할 때가 있다. 활동조직원을 한 방향으로 이끌기 위해서는 짧은 시간에 활동의 목적과 배경을 설명해야 하는데 받아들이는 사람마다 이해도가 다르기 때문에 반복 설명을 하느라 시간을 소비하는 경우가 있다. 프로젝트의 의미를 압축하여 표현하는 말이나 누구나 기억하기 쉬운 용어로 프로젝트 이름을 만들면 굳이 설명을 하지 않아도 대부분의 사람들이 무슨 일을 하려고 하는지 이해를 쉽게 하기 마련이다. '시작이 반이다'라는 말이 있듯이 프로젝트의 네이밍은 그런 의미에서 중요한 요소가 된다.

실제 모나미 프로젝트를 추진할 때에는 볼펜 색깔별로 구분하여 활동의 범위를 결정하였다. 푸른색 모나미는 생산성 향상 및 원가절감으로 하고 붉은색 모나미는 품질개선, 그리고 검정색 모나미는 시스템이나 5S3정과 같은 부품사의 인프라를 개선하는 활동으로 분류하여 개선의 목적 및 배경을 명확히 하였고, 하위 조직도 똑같이 구성하여 재미있게 개선활동을 추진하였다.

체크리스트를 만들어 지도하라

실제 부품사 개선활동을 하다 보면 여러 가지 VOC가 있다. 지원하는 사람에 따라 요구사항과 지도내용이 다르다 보니 부품사 내에서도 많은 혼돈이 생긴다는 것이다.

어떤 사람은 벽을 허물라 하고 또 어떤 사람은 벽을 만들라 하니 어떤 말을 따라야 좋을지 몰라서 아무것도 하지 않았다는 부품사 간부의 말이 떠오른다. 이런 현상이 왜 발생하는가?

분명히 벽을 허물어야 할 때가 있고 벽을 만들어야 할 때가 따로 있는 것인데, 아마도 지원하는 사람과 지원을 받는 사람 간 의사소통이 부족했거나 추진 목적에 대한 공유가 미흡해서 발생한 것이라고 생각한다. 아무튼 이런 일들이 벌어지는 이유는 표준화된 지원활동에 대한 가이드나 매뉴얼이 없기 때문에 발생하는 것이다.

누구든지 부품사를 지원할 때에는 매뉴얼을 만들거나 반드시 체크리스트를 만들어 지원하는 사람의 직급에 관계없이 일관되고 표준화된 지원활동이 되게 해야 한다.

또한 매뉴얼이 있다 하더라도 오래된 체크리스트로써는 새로운 기술에 부응하기가 어려울 수 있으므로 수시로 업그레이드하여 최신판(Latest Version)으로 관리되고 운영되도록 해야 할 것이다.

〈그림 5-07〉은 부품제조 회사를 지원할 때 필요한 체크리스트의 Template을 만들어 보았다. 어떤 부문을 체크하고 어떤 항목을 체크해야 공정하고 빈틈없는 진단이 될 것인지 여러 사람들의 노하우를 담아 작성하고 가급적 간단 명료하게 만드는 것이 좋다.

"Simple is Best"란 말도 있듯이 중복되는 항목이 없어야 하고 너무 어려운 용어가 사용되지 않도록 하여 누구든지 같은 시각으로 같은 평가를 내리도록 하는 것이 가장 중요하다.

구분	세부내용	배점	비고
품질 관리	□ 표준작업은 준수하고 있는가? 　5점) 작업표준서가 있고 전 작업자 준수함 　3점) 작업표준서는 있으나 작업내용이 다름 　0점) 작업표준도 없고 관리도 안됨	5	검사설비 및 Jig 점검을 주기적으로 실시하고, 결과를 점검대장에 기록관리 여부
	□ 공정불량은 관리되고 있는가? 　5점) 시스템으로 관리하며 양호함 　3점) 시스템은 없으나 수작업관리 함 　0점) 시스템도 없고 일부공정만 관리 함	5	설비 Overhaul 계획, PM 계획 확인, 실행 이력 Check
생산 관리	□ 작업자의 다능공 훈련 체계가 갖추어져 있는가? 　5점) 다능공 훈련 체계 있고 수시 육성 　3점) 다능공 훈련 체계 있으나 실시 미흡 　0점) 체계 없음	5	다능공관리 현황 및 실적 확인(시스템, 수작업 관리)
	□ 작업 중 작업자의 이동거리가 1보 이내인가? 　5점) 1보(600mm) 이내 　3점) 2보(1200mm) 이내 　0점) 2보 이상	5	불필요한 움직임이 없도록 자재배치와 치공구 위치 1보 이내

　체크리스트는 각 문항에 5가지의 경우를 만들어 1점~5점을 부여하지 말자. 이렇게 하면 1점 차에 대한 변별력이 명확하지 않아서 오히려 혼란스러울 수 있다.

　대신 〈그림 5-07〉처럼 각 항목별로 3개의 문항으로 만들어 0점, 3점, 5점을 부여하면 변별력도 있고 개선해야 할 항목이 명확해진다. 또한 체크 항목이 너무 많지 않도록 하기 위해 부문별로 50문항 이하로 하는 것이 좋고 현장체크가 완료되면 체크리스트를 정리하여 최초 성적서를 만들어 놓고 각각 항목별로 개선해야 할 항목과 목표수준을 정하여 공유하는 시간을 갖는다. 개선항목을 정하는 순서는 체크리스트에서 '0'점을 맞은 항목이 우선 대상이고 그 이후에는 '3'점을 맞은 항목을 순차적으로 개선하는 계획을 수립한다.

최초 성적서와 목표수준 그리고 결과치를 쉽게 비교하기 위해서는 래디얼차트(Radial Chart)를 사용하면 좋고, 가급적 각각의 개선 항목은 최종적으로 품질, 원가, 물류, 생산성, 인프라(Q-C-D-P-I)로 분류하여 작성을 하고 결과를 공유한다. 〈그림 5-08〉을 참고하기 바란다.

〈그림5-08〉

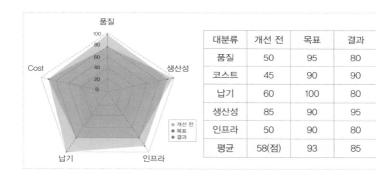

대분류	개선 전	목표	결과	향상점수
품질	50	95	80	30
코스트	45	90	90	45
납기	60	100	80	20
생산성	85	90	95	10
인프라	50	90	80	30
평균	58(점)	93	85	27

개선활동을 하기 전에 체크리스트를 활용하여 진단한 결과가 평균점수가 58점이고 목표는 93점이었으나 활동결과가 85점으로 목표대비 달성률은 89%였다. 개선 전에 비해 활동결과가 평균 27점을 개선하였으므로 향상률은 47%가 되기 때문에 의미 있는 활동 결과라고 할 수 있다. 목표달성률이 100%가 되지 못한 것은 목표 수준을 너무 높게 잡았거나 활동 기간이 짧아서 시간이 부족한 경우 또는 투자를 하지 못한 이유일 수도 있다.

여하튼 미달 부분에 대해서는 2단계 활동을 할 수도 있겠고 부품사가 자체적인 개선활동을 추진하여 마무리할 수도 있는데 이런 경우에는 중간중간 진척도를 관리하며 상호 지속적인 소통을 하여야 하고 개선이 완료되는 시점에서 결과 미팅을 반드시 해야 한다.

일류 공장을 만드는
3대 축(사람·설비·시스템)

01 팔방달인이 많을수록 좋다

제조기술분야의 기술자는 한 가지 기술만 가지고 있어서는 어려운 시대가 되었다. CELL 생산방식에서도 다능공화가 제일 우선하는 선결과제이듯이 제조기술자도 1당 100의 정신으로 Multi Player가 필수인 시대가 되었다. IE기술를 가진 사람이라야 현장의 낭비도 발견하고 제대로 된 개선 아이디어도 낼 수 있는 것이다. 만약 하는 일마다 별도의 기술자가 필요한 상황이라면 개선을 하는데 있어 리드타임만 길어지고 성과도 예상하기 어려워 진다.

한 사람이 여러 분야의 업무가 가능하다면 업무의 개선 스피드는 빨라지고 본인이 내용을 잘 알고 있어서 처리 내용도 정확해질 것이다. 이보다 더 효율적일 수는 없다.

제조업에 있어서 소재 개발이나 회계관리 분야는 그 나름대로 전문가(Specialist)가 필요 하다고 생각된다. 그렇지만 제조는 종합엔지니어링이라고 할 수 있기 때문에 개발부서와 같이 한 가지 아이디어로 새로운 상품이 만들어지는 것이 아니며 프로세스와 시스템의 기반 위에서 생산관리나 품질관리, 자재관리, 설비관리 등이 서로 연계하여 제품을 만들어 가는 것이다.

제조를 하나의 큰 단위로 놓고 전체 프로세스를 꿰뚫고 일할 수 있는 종합엔지니어를 우리는 Specialized Generalist라고 부르는데 쉬운 말로 '팔방달인'이라는 의미다. 제조부문에서는 이러한 Specialized Generalist 한 사람이 10명의 Specialists보다 훨씬 더 많은 부가가치를 창출할 수 있

는 경우가 많이 있다. 내가 회사를 다녔던 시절에도 한 사람의 아이디어
와 방법론이 여러 사람의 의견보다 논리적이고 정확하여 결국에는 한 사
람의 의견이 정책으로 결정되고 추진되는 사례를 여러 번 보았다.

　처음부터 팔방달인을 구하기는 어려운 일이고 가능하지도 않기 때문
에 교육과 육성을 통해 만들어가야 하는데 그러기 위해서는 학습하고 지
식을 공유하는 조직문화가 필요하다. 조직의 리더가 중심이 되어 매일 월
요일부터 금요일까지 요일 별로 회의체를 활용하여 부서원들끼리 상호
간의 지식과 지혜를 공유하는 장을 만들어 주는 방법이 있다. 예를 들어
계획된 회의 시간을 반으로 줄이고 나머지 반을 업무별로 기술 세미나를
열어 그 분야의 베테랑이 이슈를 만들어 발표하게 하고 편한 분위기로 질
의응답을 하도록 유도해 주는 것이다. 실례로 테컴(TeCOM)미팅이라는
것을 실시해본 경험이 있다. Technical Communication의 머리 글자를
따서 지은 이름이다. 처음에는 부서 내에 분야별로 실력이 뛰어난 사람을
중심으로 기술 발표를 하게끔 하였고 그 이후로는 출장을 다녀온 사람들
이 자기가 한 업무를 발표하게 하였다.
　당연히 처음에는 모두가 익숙하지 않아서 발표를 꺼려하기도 했으나
시간이 지나면서 분위기가 반전되고 서로서로 격려와 칭찬의 문화로 전
환되면서 활성화되기 시작하였고 성과가 나타나기 시작했다. 당시 기억
을 더듬어 요일별로 실시했던 내용을 도표로 만들어 보았다.

〈도표6-01〉 테컴미팅 요일별 내용

요일	월	화	수	목	금	토
주제	생산관리 (SOP)	물류시스템 (WMS)	제조원가 (MACVAC)	생산성 (IE/TPM)	부품사지도 (QCDPI)	조직활성화 (3-Ship)

요일별로 주제는 주기적으로 변경을 하여 지루함을 방지하였다.

팔방달인을 육성하는 또 다른 방안은 회사의 정책과 지원이 있어야 가능하다. 각 기능별로 부서에서 능력 있는 사람을 선발하여 핵심부서에 순환근무(Job Rotation)를 시키는 인사제도가 필요하다. 그리고 당연히 새로운 부서의 업무에 대한 수득 수준을 검증하고 그 부서에 리더로 지정하여 상하·수평적으로 업무경험을 하도록 하여 그 분야의 새로운 달인을 탄생시키는 것이다. 신입사원 시절부터 이러한 제도를 적용한다면 아마도 놀라운 인적 자원을 만들게 되고 이러한 인력은 회사가 어려울 때 더욱 가치를 발휘해 줄 것으로 믿는다.

또한 이렇게 육성된 인력은 회사 내에서 달인이나 명장제도를 추가로 운영하여 성과에 대한 보상을 실시한다면 본인이 보유한 역량의 몇 배가 되는 성과로 회사에 보답해 줄 것이다. 회사 밖에서 실시하는 전문교육을 받게 하는 방법도 좋지만 교육 후에 철저한 검증과 평가를 실시하여 사후 관리가 되도록 해야 한다.

조직에서 일이 잘되지 않는 문제의 절반은 소통에 문제가 있는 것이다. 대부분의 사람들이, 특히 나를 포함한 한국 사람들의 특징이 '척·체·양 문화'에 익숙해져 있다는 것이다. 몰라도 아는 척, 알아도 모르는 체하는 문화로 인해 발생하는 소통의 결핍은 철저히 검증과 테스트 과정을 통해서만이 극복할 수 있는 것이라고 믿고 있다.

제조현장에 팔방달인 만들기

같은 얘기를 제조 현장에서 생각해 보자. 현장의 작업자가 단순 작업만 하는 것보다 현장의 이상 상태를 인지할 수 있고 개선조치까지 할 수 있는 수준의 전문가가 된다면 얼마나 좋은 일인가?

사람의 능력은 그것을 발휘할 수 있는 환경조건이 갖추어지면 끝을 가늠하기 어려울 만큼 놀랄 정도로 늘어난다고 하는 소리를 들었다. 그것은 아마 인간이 만물의 영장이라서 설비나 기계장치와 같이 유한적이지 않다는 진리와도 같을 것이다.

CELL라인 생산방식에서 다능공화의 중요성을 강조한 것과 같이 제조현장에서의 팔방달인은 그 중요성과 경제성을 수백 번 강조해도 지나치지 않다고 생각한다. 오늘날과 같이 다양하고 빠르게 변하는 시장 환경에 대응하여 스스로 변해갈 수 있는 것은 사람뿐이기 때문이다.

제조현장의 작업자가 팔방달인이 되어가는 변화의 과정을 그림으로 표현해 보았다.

〈그림6-01〉 작업의 능력향상에 따른 업무확장

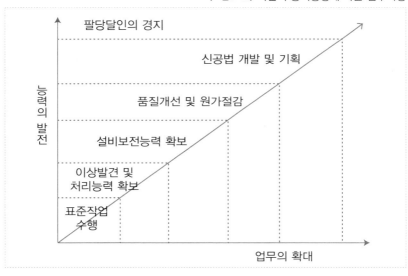

〈그림 6-01〉에서 제조현장의 팔방달인이 만들어져 가는 과정을 5단계로 구분할 수 있다.

1단계 표준작업을 수행하는 수준에서 시작하여 현장의 이상 여부를 판단하는 능력과 이를 조치하는 능력으로 발전하며 이후로는 설비보전 능력의 단계를 거쳐 품질과 제조원가를 개선하는 단계로 발전해 간다. 이러한 단계가 끝나면 마지막 단계인 새로운 기술을 확보하게 되고 이것을 바탕으로 현장에 신공법을 적용할 수 있는 단계로까지 발전하는데 이 단계가 제조현장의 달인이라고 할 수 있다.

달인의 경지에 오른 사람은 제조부문의 기획업무까지 수행이 가능하며 질 높은 Staff가 되는 것이고 이것은 모든 제조인들이 가져야 할 비전이자 이상이 되어야 할 것이다.

이렇게 팔방달인의 숫자가 늘어날수록, 다기능 인력이 증가할수록 제조현장은 더 건강하고 생동감 넘치며 저절로 돌아가는 꿈의 제조현장으로 발전해가며, 인력자원의 효율화가 가능해지고 효율화된 인력은 적소 재배치를 하여 인적자원의 유연성을 확보한다.

이상과 같이 제조현장과 제조기술에 팔방달인의 숫자가 늘어나게 되면 그 자체가 경쟁력이고 국내는 물론 글로벌 제조를 리딩하는 초일류 제조회사로 발전하는데 큰 자산이 될 것이다.

02 TPM활동으로 건강한 공장 만들기

앞장에서 사람의 팔방달인화 즉 Specialized Generalist의 중요성과 능력을 기술한 것처럼 제조기술의 Specialized Generalist는 노동생산성을 혁신할 수 있는 IE전문가는 물론이고 설비와 환경을 혁신할 수 있는 TPM 전문가도 되어야 한다.

TPM은 2차 대전 이후 미국에서 생산성과 품질을 개선하는 PM활동을 목적으로 시작한 모델에 일본에서 전원 참여방식의 생산보전(Total Productive Maintenance)의 틀로 재개발되고 이것이 60년대 후반에 한국으로 전수된 역사를 가지고 있다.

90년대를 넘어서면서 한국의 TPM은 활동기간의 단축 및 추진방법의 변경 등을 통해 새로운 모델로 변경하여 적용하면서 추진활동 과정에 높은 효율화를 추구하였다. 대표적인 케이스가 한국 S전자에서 개발하고 적용중인 PRO-3M이다. 또한 회사의 설비와 인력 규모에 따라 활동 기간을 절반 이상으로 줄이고 내용은 바꾸지 않는 소위 가성비 높은 i-TPM도 있다. 제조업을 하는 회사에서 TPM활동은 누구나 다 해야 하지만 특별히 생산형태가 설비 중심 공정이라면 TPM활동은 기본이며 당연한 현장혁신 수단이다.

TPM활동을 추진하는 사람의 기본 마인드도 제조 현장을 자기가 사용하는 안방처럼 또는 침실처럼 생각하고 '기본환경 만들기'부터 제대로 해야 한다. 제조 현장에서 밥을 먹어도 좋을 만큼, 잠을 자도 좋을 만큼의 현장으로 만들고 그 다음단계를 진행한다는 생각을 가지고 활동에 임해야 한다. 그것이 우선 TPM의 철학이며 정신자세이다.

이 책에서는 몇 가지 추진 방법론을 비교하였지만 어떤 방법을 추진하든지 기본개념은 같은 것이며 추진하는 사람들의 마음자세와 중단 없는 지속 추진이 보장되어야 좋은 결과가 있다는 것을 강조하고 싶다.

TPM추진 방식의 비교

이 장에서는 몇 가지의 TPM 추진 방식 가운데 일본식 TPM과 PRO-3M 그리고 i-TPM을 비교하였으니 우선 도표를 참조하여 형태적 차이점을 인지하기 바란다.

단계	TPM	PRO-3M	i-TPM
0 Step	정리정돈(0.5년)	기본환경 만들기(0.5년)	기본환경만들기(0.5년)
1 Step	초기청소(0.5년)	설비기본조건갖추기(0.5년)	낭비없는설비만들기(0.5년)
2 Step	곤란개소(1.0년)	낭비없는설비만들기(0.5년)	효율높은설비만들기(0.5년)
3 Step	가 기준(1.0년)	행동기준만들기(0.5년)	유지관리(0.5년)
4 Step	유지관리(1.0년)	보전능력 갖추기(0.5년)	−
5 Step	총 점검(1.0년)	−	−
6 Step	자주점검(1.0년)	−	−
7 Step	공정품질(1.0년)	−	−
Total	8 단계 (7.0년)	5 단계 (2.5년)	4 단계 (2.0년)

〈도표 6-02〉와 같이 일본식 TPM을 추진하기 위해서는 8단계에 걸친 7년이란 시간이 필요하다. 결코 짧은 시간이 아니다. 특히 추진 과정에서의 지루함은 자칫 피로감을 유발하고 활동 연속성에 대해 유지가 가능할지 의문이 생길 수 있다. 따라서 각 단계별로 반드시 필요한 부분만을 밀도 있게 추진한다면 2~3년 정도의 기간으로도 충분히 가능하다고 생각된다.

특히 추진 리더의 교체가 자주 발생하거나 제품의 Life Cycle Time이 극히 짧아져서 설비를 교체해야 하는 상황이 발생한다면 더욱 짧은 기간이 필요하다고 하겠다.

TPM에 관해서는 많은 기술 서적이나 자료들이 있으므로 이 책은 활동의 개념과 핵심 내용만을 이해하는데 도움이 될 수 있는 선에서 i-TPM(i는 intelligent) 중심으로 이야기를 하고자 한다.

추가로 상세한 내용이 필요할 분들은 다른 TPM 전용서적을 참고하기 바란다.

STEP	추진개요	주요 내용	참여/실행
0 STEP	기본환경 갖추기	• My Job My Area, My Machine 정하기 • 분임조 활동 • 5S3정, 활동 Rule, 부착물, 표지판 • 개선제안 활동(불합리 제안, 제안양식 배포)	사무 간접 제조 현장
1 STEP	낭비 없는 설비 만들기 〈일상 보전〉	• 설비 구조 이해, 설비 6계통 이해 • 조치, 급유(표준화), 전원공급, Spare Part 관리 PM 계획 (관리 Rule) • 5대 불합리 이해/조치 • 생산 시스템 이해, 자동화 설비 JIG, Conveyer, Test 장비, AGV 등 • OPL, 즉 실천 개선, 개별개선 활동 실시	제조 현장
2 STEP	설비 효율 높은 설비 만들기 〈자주 보전〉	• 6대 Loss, 고장 원인 분석 활동, 고장, 순간정지 개선, • 유지보수 계약/운영 Process • 재발방지 대책 수립, 즉 실천 개선, OPL, 활동, 팀 개별개선 활동 • 설비효율 지표관리(MTBF, MTTR, 기종변경시간 등)	제조 현장
3 STEP	유지 관리	• 자주보전 능력 확보 • 유지관리 항목, 유지관리 기준, 주기적 점검 및 조치 • 표준화 제정	제조 현장

0-Step 기본환경 만들기

기본환경 만들기는 다른 말로 5S3정을 실시하는 것이다. 5S는 일본어의 첫 글자가 모두 'ㅅ'발음이 되기 때문에 S로 분류한 것이다. 정리(세리), 정돈(세이돈), 청소(세이소), 청결(세이케츠), 습관화(시쥬케)가 5S이다. 이것을 군이 영어로 된 5S로 표현한다면 Sorting-Stabilize-Shining-Sustain-Standardize가 될 것이다.

정리단계는 필요 있는 것과 필요 없는 것을 구분하여 필요 없는 것을 과감히 버리는 것이다. 정돈은 정리단계가 끝나고 필요 있는 물건에 대해서 찾고 사용하기 쉽게 정품, 정량, 정위치라는 3정에 입각하여 물건을 가지런하게 놓아두는 행위이며, 청소는 모든 설비와 장소 등을 먼지 하나 없이 기름때나 녹 상태를 완전히 닦아서 없애는 활동이다. 청결단계는 앞의 세 가지 단계를 반복 실시하여 깨끗한 상태를 유지하는 것이며, 마지막으로 습관화 단계는 일본식 한자어로 몸 신(身)자와 아름다울 미(美)자가 합쳐진 글자로 '躾'로 쓰여지며 자기의 몸을 아름답게 하기 위해 누가 시키지 않아도 매일같이 씻고 화장을 하는 것과 같이 몸에 익어 자동적으로 그런 행위를 하게 되는 차원의 단계로써 모든 표준이 이 단계에서 만들어진다고 할 수 있다.

'기본환경 만들기' 단계의 핵심 내용은 역시 청소를 어느 수준까지 해야 하는지가 본질이다. 그리고 무한 반복이다. 5S를 했다고 하는 현장을 가서 보면 눈에 쉽게 보이는 부분만 청소를 하는 것이 보통이다. 이런 정도로는 청소를 했다고 보기 힘들다. 설비의 바닥 부분을 들여다 보면 시커먼 기름때와 녹이 남아있다. 일반 걸레로 잘 닦이지 않으니 청소 흉내만 낸 것이라고 밖에 할 말이 없을 때가 있다. 이런 정도로는 안되며 설비를 처음 구매하여 설치했던 때와 같은 수준이 되거나 오히려 페인트가 벗겨질 정도까지 닦아내야 한다.

활동을 추진하는 사람들은 모두 아마추어가 아닌 진정한 프로라고 생각하고 일을 해야 하며 담당구역 내에 담당 설비를 실명제로 운영하고 담당자의 사진을 부쳐서 책임감을 갖도록 하는 것이 좋다. 다시 한번 강조하면 '언제나 새로운 설비' '안방 같은 현장'을 만들고 유지하는 것이다.

도표를 통해 5S3정의 내용을 한번 더 숙지하기 바란다.

한글	일본어	영어	의미	비고
정리	세이리	Sorting	필요한 것과 필요 없는 것을 구분하여 필요 없는 것을 버리는 것	불요품 불용품
정돈	세이톤	Stabilize	필요품에 대하여 3定에 입각하여 사용하기 쉽게 놓아 두는 것	定品 定量 定位置
청소	세이소	Shining	설비 주변과 외부 대상 → 일상 청소 설비 정지 후 내부 청소 → 계획 청소	안방같은 현장
습관화	시쥬케	Standardize	누가 시키지 않아도 몸에 배어 자동으로 행동하는 것 (표준화)	

1-Step 낭비 없는 설비 만들기

낭비 없는 설비를 만들기 위해서는 설비 동작의 기본원리와 설비 6계통을 완전히 이해하고 설비의 기능 및 용도를 숙지해야 하며 5대 불합리를 찾아서 개선할 수 있어야 한다. 설비 6계통은 윤활계통부터 시작해서 유압계, 공압계, 구동 전달계, 전장 제어계 그리고 본체 및 체결부품으로 나누어 진다.(〈그림6-02〉 참조)

〈그림6-02〉 설비의 6계통 이해

① 윤활계통
• Oil 윤활: 회전부에 작용
• Grease 윤활: 고하중,저속
• 절삭유 계통: 절삭부에 작용

② 유압계통
유압을 이용해서 설비의 움직임을 만드는데 필요한 각 종 부품

③ 공압계통
공기압을 이용해서 설비의 움직임을 만드는데 필요한 각 종 부품

④ 구동전달계통
에너지를 기계에 전달해서 운동 변환시켜 가동점의 연속성을 유지

⑤ 전장제어계통
설비의 동작을 제어하는 각 종 부품

⑥ 설비본체/체결부품
설비본체의 균형에 맞게 부품을 붙이는 것에 의해 정확하게 작용시키는 일

출처: PRO-3M 강의자료 2003

설비의 5대 불합리의 첫 번째는 사용과 더불어 시간이 경과하여 기능이 저하되는 열화현상이고 두 번째는 불량이나 주변을 오염시키는 원인이 되는 발생원 불합리이며, 세 번째로는 청소, 점검, 설비, 조작 등을 실행할 때 어려움을 겪게 하는 곤란개소이다. 네 번째는 설비의 특정부분에 대해서 원리나 기능에 대한 이해가 부족하여 발생하는 의문점 불합리다. 그리고 마지막 다섯 번째는 정리정돈의 불량상태를 가리키며 이 부분도 설비의 낭비를 일으키는 원인이 되고 있다.

〈그림 6-03〉을 통해 설비 5대 불합리에 대한 내용을 좀더 자세히 설명하도록 하겠다.

<그림6-03>

열화	사용과 더불어 시간이 경과됨에 따라 설비의 성능 및 기능이 저하 되는 현상
발생원	고장이나 불량, 소음, 냄새 등을 발생시키고, 설비 및 주변환경을 오염시키는 근원
곤란개소	청소, 급유, 점검, 조작(운전) 작업시에 시간이 많이 소요되고, 어려움 발생 → 규정을 지키지 않을 확률이 높다
의문점	특정 부분의 설비 원리나 성능, 구조에 대한 이해가 부족한 것
정리정돈	정리/정돈이 안된 물품이나 상태

열화현상을 개선하는 방법으로는 부지런히 점검하여 급유 등의 필요한 조치를 해 줌으로써 강제 열화 현상을 예방하여 설비의 수명을 연장시켜 주어야 한다.

발생원에 대한 개선 방법은 초기 청소를 확실하게 실시한 후 주기적인 관찰을 통해 발생원을 적출해 내야 한다. 적출된 발생원에 따라 누수현상이나 냄새, 소음 등을 줄이거나 차단하는 아이디어를 내고 발생자체가 불가결할 때에는 누수받침통이나 용기를 사용하여 다른 곳으로의 전이를 막아야 한다.

곤란개소 불합리는 주로 청소나 급유 또는 설비 점검 시에 손이 미치지 못하거나 불안한 자세로 작업을 하게 되는 현상인데 용이한 작업이 가능하도록 별도의 도구나 지그를 만들어 사용하는 것이 좋다. 의문점 불합리를 개선하기 위해서는 의문점에 대한 상식을 습득하고 이해를 해야 하며 정리정돈 불합리는 발견즉시 5S3정에 입각하여 개선을 실시한다.

이상과 같은 불합리에 대한 개선은 개인별로 아이디어를 내는 것보다 분임조를 만들어 체계적인 제안활동을 하는 것이 성과가 좋게 나타난다. 우수 제안에 대해서는 반드시 보상을 한다.

또한 1단계 활동은 일상보전의 단계이다. 일상보전 활동은 Operator가 자신의 설비구조와 기능을 잘 이해하고, 설비에 관한 지식과 기능을 몸에 익혀 설비 가동 중에 외관적 관찰을 통해 설비의 이상 여부를 확인하고 간단한 문제는 스스로 조치하는 활동으로 설비점검 리스트를 만들어 출근과 동시에 가장 먼저 점검활동을 시작한다. 이를 습관처럼 실시하기 위해서는 **MFM**(Maintenance Field Manual)을 잘 만들어 운영해야 하는데 일상보전 활동에서 가장 중요한 부분이라 하겠다.

〈도표6-05〉 일상보전과 예방보전 활동의 비교

분류	활동주체	점검시기	내용	점검내용	대상
일상점검	Operator	일상 반복 (시업전)	설비 운전 중	외관 관찰	압력계통 계기, 윤활 유량, 급유상태, 측수 온도, 진동 등
예방보전	Maintenance Man	일정주기	설비 정지 중	외관/내부 검사	각 종 간격, 마모 정도 변량/변형 등

2-Step 효율 높은 설비 만들기

효율 높은 설비를 만들기 위해서는 제조현장의 중요한 설비에 대해 고장 발생 시 즉각 조치와 근본 조치 등이 잘 관리가 되어야 가능하다. 또한 설비의 효율을 저해하는 6가지 Loss를 이해하고 분석하여 개선 및 재발 방지를 위한 근치활동을 실시해야 하는데 6대 Loss로는 고장정지, 기종변경, 순간정지, 속도저하, 불량생산, 초기수율 Loss가 있다. 6대 Loss를 상세히 분류하면 아래에 요약한 내용과 같이 분류할 수 있으며 각각의 Loss에 대한 개선방법을 생각해 보자.

〈그림6-04〉 6대 Loss

정지 Loss
① 고장정지 Loss : 설비기기, 부품 등이 정해진 기능을 상실하여 설비의 가동이 Stop된 상태
② 기종변경 Loss : 현 제품의 생산 종료로부터 다음 제품으로 전환하여, 완전한 양품이 생산되기까지의 시간적 Loss

속도 Loss
③ 순간정지 Loss : 일시적인 Trouble 등으로 발생하는 Loss
④ 속도저하 Loss : 이론 시간과 실제시간의 차이로 발생되는 Loss

불량 Loss
⑤ 불량 Loss : 불량품을 수리하여 양품화 하는 시간적 Loss
⑥ 초기수율 Loss : 양품이 생산되기까지의 시간적 손실과 불량품 폐기 Loss

〈그림6-04〉는 6대 Loss가 어느 위치에서 가동시간을 감소시키는지를 나타내고 있다. ① 고장정지와 ② 기종변경 로스는 가동시간을 물리적으로 정지시키는 것이고, ③ 순간 정지와 ④ 속도저하 로스는 설비는 가동상태에 있으나 생산 능력으로 연동되지 못하는 것이며, ⑤ 불량과 ⑥ 초기수율 로스는 설비가 가동이 되었어도 생산량으로 집계할 수 없기 때문에 가동 시간의 낭비가 된다 때문에 각 로스 항목별로 원인을 분석하여 개선활동을 실시하여야 한다.

고장정지에 대한 대책은 주로 설비 열화나 유틸리티 과부하 등의 참 원인을 찾아내어 재발되지 않도록 근치 대책을 적용하며 기종 변경 시간에 대한 대책은 준비교체에 대한 작업 분석을 실시하고 교체작업 중 외준비화할 항목을 도출하거나 현재 외준비 작업은 삭제하는 방법으로 개선을 실시한다. 기종변경 작업분석을 얼마나 충실하게 했느냐에 따라 개선 아이디어의 발상이 달라질 것이며 교체시간 Zero를 목표로 도전해 볼만한 항목이다.

순간정지 Loss는 설비에 고장이 발생한 것이 아니고 즉석 조치가 가능한 일시적인 오류에 의한 것이 대부분이므로 센서류나 반송장치 등의 이물이나 스위치 류의 노화로 인한 것들이 많다. MTBF(고장발생 평균시간)라는 지표로 관리되고 있으며 개선 목표를 무한대 (MTBF → ∞)로 설정하여 추진해 보는 것도 도전해 볼만한 항목이다. 실제 그런 활동을 한 적이 있었는데 1,000분까지 달성했던 사례가 있었다. MTBF와 함께 관리되는 것이 MTTR(고장으로부터 복구까지 걸리는 평균시간)인데 이 시간은 짧게 하는 것이 개선이다. 당연 MTBF가 무한대이면 MTTR은 영(0)에 수렴할 거 아니겠는가. 순간정지 이력을 리스트화해서 무한대가 될 때까지 관리하고 개선하자.

속도저하 Loss는 설비, 제원, 속도, 대비, 운영속도의 저하로 인한 낭비를 뜻하는 것으로 설비의 라이브러리(Library) 운영 기술의 부족에서 발생한다. 예를 들어 설비의 제원 C/T가 10초인데 15초로 생산을 하다면 1시간에 360개 가공능력에 240만 가공한 것이므로 효율은 66.7%가 되고 Loss는 33.3%가 되는 것이다. 속도저하 Loss의 개선방향으로는 설비 사양을 잘 숙지하고 현재 가공 중인 메커니즘과 비교 분석 후 그 차이를 Zero(0)로 만들어 가려는 개선 노력을 지속하여야 한다.

불량발생 Loss는 불량발생에 따른 재작업 손실 비용으로써 돌발성과 만성적 불량의 유형으로 분류할 수 있다. 돌발성 불량은 발생빈도가 적은 편이나 손실 비용이 크기 때문에 대부분 개선을 하게 되지만 만성적 불량은 발생빈도가 적고 비용도 크지 않기 때문에 개선에 회의적이거나 방치하는 경우가 있다. 혁신적 사고로의 접근이 필요한 부분이다.

초기수율 Loss는 설비 정지 후 재가동 시 양품이 나오기까지의 가동 시간과 불량품 폐기 Loss를 의미한다. 설비의 직전 가동 조건을 유지하기 위한 대책이 필요한 부분으로써 초·중·종물의 산포관리를 통한 설비의 편차발생을 억제하는 표준화 관리가 중요하다. 또한 대부분 열에 의한 팽창과 수축현상이 설비의 가동조건에 주요 영향을 미치게 되는데 열변화를 일으키는 요인들을 찾아내어 초기 조건을 유지시키도록 작업의 표준화가 필요하다.

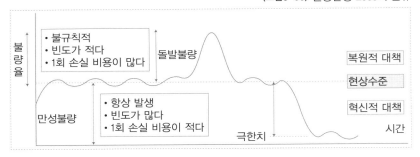

〈그림6-06〉 불량발생 Loss의 분류

3-Step 유지관리

i-TPM을 추진하는 전 제조현장에서 0-Step에서 2-Step까지의 활동결과가 유지되고 발전될 수 있도록 활동항목을 표준화하고 지속 실행해 나가는 단계라고 할 수 있다. 이 단계에서 중요한 것은 '지켜야 하고 지킬 수 있는 Rule'을 만들고 실천하는 과정이다.

즉 유지관리 항목을 선정하고 각 항목에 대한 관리기준을 만들어 주기적으로 점검을 하고 필요한 조치를 취하는 실행력이라고 하겠다. 아래 도표에 표준화와 절차를 설명하였다.

〈도표6-06〉 유지관리 표준화 절차

구분	내용
목적	i-TPM을 추진하는 제조현장에서 0~2 Step 활동을 유지하고 발전될 수 있도록 프로세스를 제정하고 운영
유지관리 프로세스 제정운영	• 유지 관리 프로세스 정립 　① 유지관리 항목 선정　② 유지관리 기준 작성 　③ 주기적 점검 및 조치 • 표준화 제정 (지켜야 하고 지킬 수 있는 Rule을 만든다)

지금까지 여러 종류의 TPM추진 모델 중에서 기간이 가장 짧은 i-TPM모델에 대한 추진활동 개념과 추진내용 및 방법에 대해 공유하였다. TPM이 설비제조 현장에 대한 개선 기법의 하나쯤으로 생각한다면 이 학습의 효과가 반감될 수 있다고 생각하며 TPM이야말로 현장 개선의 기법을 넘어 '하나의 정신이고 철학이며 제조의 문화'로 생각해야 성공할 수 있다.

또한 내가 살고 있는 집을 가꾼다는 신념으로 0-Step부터 차근차근 추진하기를 바란다.

03 ERP 시스템은 인체의 뇌이며 핏줄이다

솔직히 나는 ERP가 무엇이고 누가 언제 어떻게 만들었는지 잘 몰랐다. 그냥 전직에 근무할 때에 이미 만들어진 화면에서 필요한 정보 몇 가지를 가져다가 보고서 작성 시에 활용하거나 각 모듈 별로 데이터의 생성 메커니즘과 기준정보의 중요성 정도를 이해하는 수준이었다.

대개 제조분야에서 필요한 정보는 생산계획과 자재현황 그리고 창고 관리 시스템을 운영하는 PM과 MM모듈 정도로 국한되며 생산과 품질 정보는 제조실행 시스템인 MES로부터 정보를 활용하여 업무를 수행하였다. 그런데 S사를 그만두고 부품업체 해외 생산법인을 운영하면서 사정은 달라지기 시작했고, 규모가 작지만 ERP를 도입하는 것부터 직접 해야 하는 상황이 된 것이다. 서둘러 공부를 시작해 각 부문별로 To Be 프로세스의 설계를 하게 되었으며 시스템을 도입하고 업무에 활용하고 운영을 하면서 시스템의 메커니즘을 조금씩 이해하고 중요성에 대해서도 새롭게 인식하게 되었다.

ERP는 회사 전체의 경영자원을 통합적으로 관리하고 경영의 효율화를 기하기 위한 수단이며 컴퓨터를 활용하여 회계, 구매, 생산, 자재 판매 등 모든 업무의 흐름을 효율적으로 파악하고 조정하는 능력이다. 한 마디로 데이터의 자동화 시스템을 구축한 것이라 할 수 있다. 또 전사적으로 통합 자원관리가 가능하고 경영상태를 실시간으로 파악할 수 있어 회사운영에 있어서는 '인체의 핏줄'과도 같은 것이다. 그렇기 때문에 각 부문에 데이터라는 영양분을 실시간 공급하고 문제 부분 또한 실시간으로 판단할 수 있다는 점에서 인체의 뇌의 구조와 같다는 사실을 알게 되었다.

생산 법인장 시절에서 얻은 최고의 수확이자 내실 있는 공부가 되었다는 생각이 든다.

회의 자료를 없애라

독자 여러분들도 회사를 다닌 경험이 있다면 누구나 회의에 참석하고 회의 자료를 만들어본 경험이 있을 것이다. 회의는 하루에도 몇 번씩 하고 한 번의 회의로 오전 시간을 허비할 때도 있다.

회의 시간이 길어지는 이유는 이슈의 논쟁 시간도 있겠지만 절반은 작성한 회의 자료의 문제점을 지적하면서 주제를 벗어난 이야기로 시간을 소비하기 때문일 것이다. 지금부터라도 회의를 위한 자료를 만들거나 회의 자료를 탓하는데 시간을 보내지 말자. ERP를 활용하면 얼마든지 실시간 정보를 가공 없이 회의에 사용할 수 있다. 가공하면서 생기는 시간과 정보의 오류를 막을 수 있고 회의 시간도 빨라지며, 누구나 같은 곳을 바라보면서 같은 의사결정 내용을 공유할 수 있는 것이다. ERP Based Meeting을 하면서 참석자 각자가 해야 할 일만 메모하든지 나중에 즉석 회의록을 피드백 받아 처리하면 되는 것이다.

회의 주제를 살펴보면 대부분 들어온 수주(SOP나 Forecast 또는 PO)를 어떻게 처리하여 생산 계획화할 것인지와, 생산 실적이나 품질 이슈 또는 재고관리나 납품과 관련한 내용들인데 이 모든 정보와 관련 데이터가 ERP에 모두 있다. 만약 ERP 내용이 복잡하여 정보의 분석이 어려우면 개발 담당자에게 응용화면을 개발시키면 얼마든지 해결이 가능한 일이다.

처음에는 화면에 어색하고 회의 진행 방식에 익숙하지 않지만 무조건 실행하다 보면 반드시 자연스럽게 진행되고 충분한 토의가 이루어지면서 누구나 만족하게 된다.

하나의 사례로 아래 '생산계획 대 실적'에 관한 ERP화면이다.

〈그림6-07〉 시간대별 실적현황

ㅁ 메뉴경로 : 생산관리 > 제조오더관리 > **시간대별실적현황(★)**

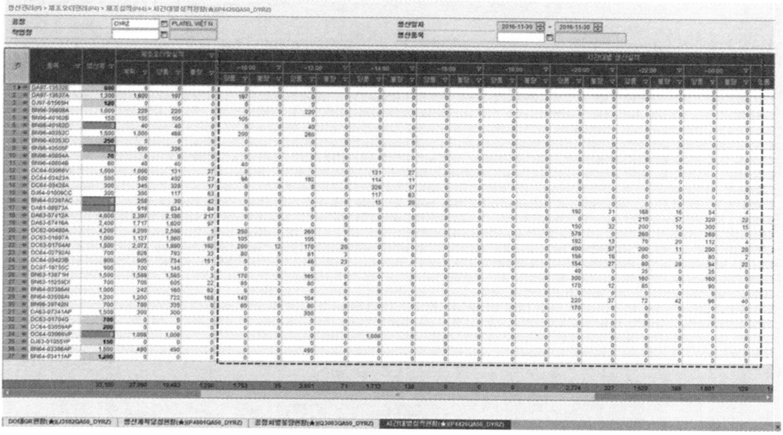

출처: Platel Vina 16년 11월 Data

예를 들어 〈그림6-07〉에서는 제조 오더에 대한 시간대별 생산계획대비 실적의 ERP 화면인데 왼쪽의 생산계획이 있고 오른쪽에 시간대별 실적을 보여준다. 생산회의 시에 필요한 화면이라 하겠다. 실적 달성이 안되었다면 상기 화면을 보면서 질책할 일은 질책하고 미달 원인이 있었다면 그 자리에서 보고하고 어떻게 복구할 것인지 계획을 발표하면 된다.

실물 재고조사를 없애자

ERP를 운영하다 보면 가장 어려운 부분이 재고 정확도다. 재고가 정확하지 않으면 생산계획부터 반제품의 재고이동 그리고 앞뒤 공정의 수불 전체 프로세스에 오류가 생기기 시작한다. 여기서부터 시스템을 신뢰하지 않고 별도의 인력을 동원하여 각 창고에 뛰어 다니면서 수기로 재고를 파악하기 시작한다. 왜 이런 현상이 생길까? 이유는 세 가지로 요약된다.

하나는 재조이동을 하면서 시스템에 수불 입력을 하지 않은 것이고 두 번째는 창고에서 실제 물동은 이동되었는데 출고 입력을 하지 않은 것이다. 창고를 드나드는 모든 자재나 제품에 자동인식기(바코드나 RFID)라도 붙어 있다면 몰라도 아직까지는 많은 회사에서 수작업으로 수불 작업을 하고 있는 것이 현실이다. 어떤 경우에 있어서도 물과 정보는 함께 다니면서 일치시켜야 한다. 세 번째는 생산에서 불량에 대한 정보를 속이는 것이다. 실제 불량이 발생한 수량과 입력한 숫자 간에 차이가 있다면 이때부터 재공 수량은 맞지 않기 시작한다. 많지 않은 경우이겠지만 이런 일들이 발생해서는 안 된다. 기본 중에 기본이 지켜지지 않으면 시스템 경영은 요원한 것이며 구호로 끝날 수 밖에 없다는 것을 인지하고 어떤 경우가 생기더라고 수불과 재고는 맞추겠다는 비장한 각오로 실행해야 한다. 정확도 100%가 될 때까지 매일 재고결산을 실시하여 맞추어 놓고 퇴근을 하라.

이렇게 하여 재고가 맞으면 일일 회계결산도 문제 없을 것이고 일년 내내 별도의 재고조사를 할 필요가 없다. 이것이 시스템 경영의 참모습이며 이익경영의 원천이 될 것이다.

시스템으로 일을 하면 프로세스 전체가 보인다

기업경영의 구성은 주로 마케팅-개발-영업-구매-제조-서비스-물류-지원부문과 같이 8개의 부문으로 나누어 활동한다. 대부분의 회사조직도 이와 같이 구성되며 이것을 더 모듈화하면 『개발관리』, 『고객관리』, 『공급관리』, 『경영관리』와 같이 4개의 Big 프로세스로 분류된다.

이러한 Big프로세스는 각각의 부문별로 별도의 경영방침과 전략을 수립하고 조직을 전문화하여 회사 전체 최적화를 위해 경영혁신 활동을 추진해야 한다. 프로세스별로 기능조직을 묶어보면 『개발관리』에는 마케팅과 개발 기능이 있고, 『고객관리』에는 영업과 서비스 기능이 있으며 『공급관리』에는 구매, 제조, 물류와 같이 제조기술과 밀접한 연관이 있는 기능으로 구성된다.

마지막으로 『경영관리』에는 회계, 관리, 인사 등의 지원기능이 해당되고 이를 다시 요약하면 아래 〈도표6-07〉과 같다. 하지만 이러한 분류방식이 모든 회사에 맞는 적합한 것은 아니므로 회사 철학과 경영 방침 등에 따라서 얼마든지 다른 기능으로 구성할 수 있다.

〈도표6-07〉 기업의 4대 프로세스 별 기능 분리

프로세스	단위 기능	기타
개발관리	마케팅, 개발	상품기획, 개발구매
고객관리	영업, 서비스	시장 품질관리
공급관리	구매, 제조, 물류	조달구매
경영관리	지원	회계, 관리, 인사 등

〈도표6-07〉에서 분류한 4개의 프로세스는 각 분야의 전문가와 CXO(X분야의 최고 책임자를 지칭)를 중심으로 독립적인 회사처럼 경영을 할 수 있으며 그 중에『공급관리 프로세스』중심으로 이야기를 해보면 이 부분을 리드하고 운영해 나가는 CXO는 CTO라고 할 수 있으며 '제조기술 최고 경영자'가 되는 것이다.

공급관리 영역에는 구매의 부품조달에서 시작하여 제조의 생산활동과 물류의 배송기능까지를 범위로 하여 운영을 하고 이것의 핵심 역량은 '고객이 원하는 물건을 재고대응 없이 얼마나 빠른 시간 안에 물건을 만들어 원하는 시간에 양품을 배송해 줄 수 있는가에 대한 경영 능력'이기 때문이다. 이러한 능력을 보유하기 위해서는 한 개 또는 두 개 부문이 잘 해서 되는 것도 아니고 생산계획에서 부품조달 그리고 제조, 품질 확보 등 각 부분, 각 부서가 하나의 목표의식으로 통일해서 한 치의 오차도 없이 시스템에 기초한 약속된 업무를 차질 없이 수행할 때에만 가능한 것이다.

『공급관리』에서는 이와 같은 역량의 확보와 고객의 만족도를 높이기 위해 8개 부문의 실행 시스템으로 세분하여 만들고 기간시스템과의 인터페이스 및 단독 실행 체계를 구축 함으로써 프로세스 전체가 하나의 자동차처럼 일관되게 움직이며 같은 방향으로 굴러가게 해야 한다.

다시 정리하면 '공급관리 8대 프로세스'란 시장 수요에 준한 자원운영 계획부터 완성 제품의 출하까지 글로벌 공급망을 효율적으로 관리하고 시장의 요구에 신속하게 대응하기 위해 구성된 8단계 프로세스라고 할 수 있다.

다음 그림을 통해 더 자세히 설명해 보겠다.

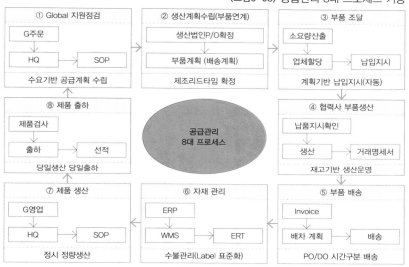

〈그림6-08〉 공급관리 8대 프로세스 기능

또한 〈그림6-08〉의 공급관리 8대 프로세스를 운영하기 위해서는 각각 시스템이 있어야 하는데 ERP만큼은 독일 SAP사에서 개발한 R/3 버전을 주로 사용하고 있다.

글로벌 오퍼레이션을 해야 하는 대부분 기업의 데이터 양이 방대하고 필요한 UI나 알고리즘이 많기 때문이다.

다음 〈도표-6-08〉에 공급관리 8대 프로세스를 이해하는데 도움이 될까 해서 사용되고 있는 관련 시스템 중에 일부를 소개하였다.

프로세스를 이해하는데 참고만 하여 주기를 바라면서 시스템은 매일 진화하는 것이며 Better Version이 늘 개발되고 있다는 사실을 상기하기 바란다.

순서	프로세스	운영 시스템	비고
1	글로벌자원점검	ERP (Capa, 자재, 물류 등)	Enterprise Resource planning
2	부품연계 생산계획 수립	APS	Advanced Planning and Scheduling
3	부품조달	GSRM + 협력사ERP	PO and DO
4	협력사 부품생산	협력사 시스템	Uni + ERP 혹은 더존ERP 등
5	부품배송	EDI - ERP	Electronic Data Interface
6	자재관리	WMS or ERP	Warehouse Management System
7	제품생산	MES	Manufacturing Execution System
8	제품출하	ERP - **X**DC	FDC, CDC, RDC

　　지금까지 하나의 회사를 운영하고 경영하는 내면에는 각개의 여러 가지 기능이 네트워크처럼 서로 얽히고 연계되어 운영되는 것이며 이들 각 부분에는 업무의 효율성과 일관성 그리고 표준화를 위한 시스템화가 반드시 뒤따른다는 것을 알 수 있었다. 자재를 구매하거나 직접 제조하는 사람, 부품사를 관리하는 사람이나 자재를 관리하는 사람들이 모두 각자 자기 분야에서만 업무를 잘한다고 회사가 잘 운영되는 것은 결코 아니다. 본인의 업무는 기본이고 옆의 사람이나 다른 부서가 하는 일을 이해하고 내가 하는 일이 회사 입장에서는 무슨 의미가 있는지를 알아야 일에 소신이 생기고 자신감이 생기는 것이다. 그래야 내가 하는 일의 가치도 평가할 수 있게 되어 스스로 업무에 대한 창의력이 생길 수 있다는 점에서 정말 중요한 요소가 아닐 수 없다.

　　시스템으로 일을 하라는 것은 쉽게 이야기 해서 나 또는 우리 부서만 보지 말고 회사 전체를 보면서 일을 하라는 말과 같은 것이다.

필자는 앞장에서 TPM활동이 제조현장의 혁신 철학이자 문화라고 이야기했다. 같은 의미에서 ERP야말로 사무업무의 혁신 철학이자 문화가 되어야 한다. 이것을 강조하기 위해 TPM이야기를 다시 하게 된 것이라고 이해하고 시스템이 사무업무의 중심에 서도록 하자.

이와는 반대로 업무 효율화를 위해 도입한 시스템이 업무 방대화와 업무 이원화를 초래하는 일이 발생한다면 얼마나 우스운 일이며 가치 없는 일이 되는지 생각해 보자.

과거의 일이지만 한때는 시스템과 현업이 별도로 운영될 때가 많았다. 시스템 도입 초기가 그랬고, 시스템을 개발하는 역량이 부족하여 현업과 잘 맞지 않아서 그럴 때도 있었다. 그러나 그런 이유보다는 시스템에 대한 관심 부족과 이해 부족으로 그런 일이 생긴 측면이 강하다. 시스템을 운영하는 사람들은 일부러 어려운 용어를 써가며 그 말을 이해하지 못하는 사람들을 무시하는 태도가 있었고, 현업을 하는 사람들은 자신이 이해를 못하는 것도 있지만 시스템을 운영하는 사람들에 대한 불만도 함께 갖고 있었기 때문에 그런 갈등이 생겨 상호 간에 불신의 벽이 생긴 것이다.

시스템의 목적은 결코 회사에서 몇몇 사람을 스타로 만들기 위한 투자가 아니며 전체 사원이 일을 편하고 정확하게 하기 위해 만든 절대적인 업무 도우미로 생각하여야 한다.

품질은 제조현장에서
보증하자

01 불량은 만들지도 말고 보내지도 말자

제조활동에서 품질보다 더 중요한 것은 없다. 그래서 제조기술 부문의 종사자들 중에서 품질을 관리하고 개선하는 엔지니어 수가 가장 많다. 당연한 일이라고 생각한다. 품질 불량은 내적으로 생산성을 저해하고 원가를 높이며 사원들의 사기도 떨어뜨리는 악의 근원이다. 인체에서는 당뇨병이나 암과 같은 존재라고나 할까. 자기 하나의 결함으로 끝나는 것이 아니고 이것 저것 모두를 망칠 수 있으니 지나친 표현은 아니라고 생각한다. 또 외적으로는 어떤가?

어렵게 마케팅하고 영업하여 물건을 팔면 이익이 나야 하는데 불량품 수리비나 제품을 교환하면서 추가로 지불하는 비용 때문에 경영의 손실을 가져온다. 특히 오늘날과 같이 무역장벽이 없어지고 가성비 높은 제품이 시장을 지배하는 경우에는 불량은 기업의 이미지 실추는 물론이고 몇십 년 공들여 이룩한 브랜드 파워도 일순간 날려 보낼 수 있는 심각한 경영의 주적이 아닐 수 없다. 이러한 이유로 앞장에서도 제조기술의 가치서열을 Q-C-D-P-I에 두고 강조한 바 있다.

불량은 제조공정 밖에서 유입되는 것도 있지만 제조공정 안에서 발생하는 것도 있다. 부품의 결함이나 설계의 마진(Margin)에서 비롯한 특성값 불량 등은 제조공정 이외의 것이지만 가공이나 조립불량과 같이 제조공정 안에서 발생하는 불량도 있다. 또 유입되지도 않았고 발생시키지도 않았는데 검사결과 불량이 발생하는 알 수 없는 불량도 있다. 그러나 발생 요인이 어디에 있든지 간에 불량은 들어 와서도 안되고 다음 공정으로 흘려 보내져도 안된다. 제조인이나 제조기술을 하는 사람이면 자기 목숨과도 같이 생각하여 들어온 불량은 100% 골라낸 후에 다시는 발생하지 않도록 하는 조치가 필요하다 또 생산 중에 발생하는 불량은 100% 감별하여 다음 공정으로 보내지 않도록 하고 왜 불량을 만들었는지에 대한 심도 있는 고민과 원인분석을 해야 한다.

일회성 수리로 만족하다가는 또 같은 돌부리에 계속 넘어지는 우를 범할 것이다. 그럼 어떻게 하면 제조공정에서 불량이 발생하지도 않고 후공정으로 가지도 않게 할 수 있을까?

참 원인을 파악하고 근치 대책을 세우자

회사를 다닐 때의 기억을 더듬어 잊을 수 없는 에피소드 하나를 이야기하려고 한다.

입사 5년 차쯤 되었을 때의 일인데 그때 나는 생산기술(이후 제품기술 부서로 명칭변경) 부서에서 PAL방식의 TV방송을 녹화하고 재생하는 VTR 제품의 회로 부문을 담당하고 있었는데 생산라인에서 특정 IC부품불량이 너무나 많이 발생하고 있었다. 나는 그 문제에 대한 개선업무를 지시받고 부품을 검토하기 시작하면서 불량부품을 모으기 시작했고 현장의 수리사원에게 발생 메커니즘에 대해 물어보니 IC부품을 교체하면 100% 양품이 된다고 하여 그것을 리더에게 리포트로 작성하여 보고를 하였다. 리더는 나에게 정전기 문제일 것이라고 하면서 부품 수입검사에 디캡(Decap) 장비가 있으니 분석을 의뢰하라고 하였다. 나는 즉시 분석을 의뢰하였고 돌아온 결과 보고서에는 몇 백 배짜리 현미경으로 불량품 내부 상태를 촬영한 사진과 함께 정전기(ESD)와 Surge(EOS)로 인해 IC가 파괴되었다는 결론이 들어 있었다.

보고서 내용은 부서장까지 보고되어 결국 내가 해당 IC를 제조하여 판매한 일본 S반도체 회사를 방문하는 행운(?)을 얻게 되었다. 그 공장에 가서 불량 현품 모두를 재검증하고 발생된 불량뿐만 아니라 양품에 대해서도 강력히 클레임을 치고 오라는 오더였다.

　　출장에 임하는 발걸음이 가벼운 일이 아니었다. 출장결과는 불량품 10개 중 1개만 불량이고 나머지는 모두 양품으로 판정되었다. 있을 수 없는 일이 발생한 것이며 나름대로는 일본의 선진사라고 하는 회사가 한마디로 개판이구나 하는 생각으로 돌아와서 품질 부서에 클레임을 의뢰하고 곧바로 모든 공정에 ESD와 EOS(Electro Static Discharge and Electrical Over Stress) 대책 수립에 들어갔다.

　　그런 일이 있고 난 후 10년이 지났을 때에 나는 그때의 일을 떠올리며 엄청나게 놀랄 수밖에 없는 사실 하나를 발견하게 되었는데 지금 생각해봐도 그때 내가 정말 바보 같았고 실력이 없는 사람이었구나 하는 생각이 든다. 지금의 IC(Integrated Circuit)는 기판에 삽입하여 밑면에 납땜을 하는 것이 아니고 기판(PCB) 위에 크림으로 붙여놓고 주변을 납땜하는 방식인 SMT(Surface Mounted Technology)기술로 발전되어 왔다. IC핀 간 간격이 극히 좁아지면서 SMT불량이 많이 발생하였고 처음에는 부품 불량으로 판단하여 불량 IC를 버리고 새로운 IC로 수리하는 일을 되풀이 하다가 불량의 원인이 정전기가 아니라 SMT공정에서 발생한 납땜 불량이었다는 사실이 밝혀지면서 회사가 발칵 뒤집히는 일이 있었다.

　　다시 정리하면 당시 불량 IC가 처음부터 납땜 불량 상태에서 유입이 되었고 수리사는 IC불량으로 착각하여 부품을 교체한 것이니 교체과정에서 납땜이 정상적으로 된 것이다. 사실은 교체 전 부품도 양품일 가능성이 훨씬 크다.

결론적으로 그때 나는 출장 전에 발생한 불량 IC 전부를 다른 양품 제품에 장착하여 진짜 불량인지 검증을 했어야 했다. 그리고 다른 결론을 가지고 출장에 임했어야 옳았다. 지금도 궁금한 것이 하나 있다. 내찰 출장을 가서 돌아올 때 일본 S사는 나를 보고 웃었을까, 긴장을 했을까?

에피소드 소개가 길어지긴 했지만 내용의 핵심은 불량의 참 원인을 발견하여야 한다는 이야기다. 참 원인을 발견한다는 것이 쉬운 일은 아니겠지만 원인을 모르는 상태에서의 개선대책은 어쩌면 당장 문제를 해결한 것처럼 보일지 모르지만 자칫 더 큰 비용을 초래하는 결과를 낳을 수도 있다는 취지에서 경험사례를 이야기한 것이다. 시간이 필요하더라도 불량의 참 원인을 발견하여 제대로 된 개선대책을 수립하고 문제의 재발을 막는 수준까지 되어야 함을 다시 한번 강조하고자 한다.

다섯 번 아니면 세 번이라도 '왜?'를 외치자

불량의 참 원인, 더 나아가서는 모든 문제 발생의 참 원인을 파악하는 것은 문제의 뿌리를 뽑기 위해서 반드시 필요하고 가야 할 길이다.

제조공정에서 불량이 발생하면 우선 '왜 발생 했을까?' 또 '왜 검출되지 않았을까?'라는 두 가지 형태의 의문을 가지고 접근해야 한다. 그리고 각각 '왜?'라는 의문을 다섯 번 또는 최소한 세 번은 스스로 물어 보면서 단계별로 원인을 찾아 가다 보면 진짜 원인이 밝혀질 것이다

예를 들어 공정에서 TV 제품을 생산하는데 소리가 나오지 않는 불량이 발생하여 출하검사까지 흘러가서 문제를 발견했다고 하자. 그러면 제조 기술자는 '왜 소리가 안 나오는 불량이 발생했을까?'를 3번에서 5번까지 원인을 분석해서 각각 대책을 세워야 하는 동시에 또 '왜 공정에서 검출되지 않았을까?' 하는 물음을 똑같이 해보고 그 이유에 대한 대책을 각각 세워야 한다. 그러다 보면 평소에 알던 문제나, 그리 관심이 없던 일

들로부터 문제가 발생하게 된 사유를 알게 되면서 허탈해지는 일을 경험하게 될 것이다. 우리가 얼마나 심층적으로 잘 분석하는가에 따라 대책이 완전히 다르게 만들어지는 것을 발견하게 될 것이다. 이런 것이 참 개선이며 근치 활동이라 할 수 있다.

그럼 아래 〈도표 7-01〉을 통해 5-Why에 대한 프로세스 예를 들어보자. 먼저 '왜 발생했을까'에 대한 5-Why와 그에 상응한 대책이다.

〈도표7-01〉

불량내용	TV 화면은 잘 나오는데 소리가 작다	
순서	문제점	상응대책
Why 1	비디오 출력 신호가 없다	해체 후 정밀검토
Why 2	기판에 저항 규격이 다름	저항 칩 변경
Why 3	프로그램이 수정되지 않음	프로그램 수정
Why 4	사양변경 내용이 통보되지 않았다	통보 프로세스 보완
Why 5	당당자가 사표를 냈다	부재시 업무이관 절차 표준화

화면이 나오지 않는 문제점은 컨트롤러 부위에 작은 부품 하나가 누락되면서 발생한 문제이나 그것은 1차적인 문제이고 보다 근본적인 문제는 담당자가 퇴직을 하면서 사양을 변경해 알려주어야 하는 일을 다른 사람에서 알려주지 않았기 때문에 발생한 문제였다. 이런 문제는 회사 내의 업무표준화가 없거나, 퇴직 시 업무 인수인계에 대한 규정이 없거나 있어도 준수하지 않은 문제로 인해 발생한 문제이다. 즉 생산라인에서 제품 불량이 발생한 참 원인은 회사를 운영하는 관리력에 있었다. 위의 사례에서 알 수 있듯이 문제의 원인을 끝까지 물고 늘어지면 생각하지 못했던 부분에서 문제 발생의 원인이 있다는 사실을 알게 되고, 회사는 이러한 관리 시스템을 개선함으로써 재발을 방지하고 문제의 근본을 개선할 수 있는 것이다.

다음 〈도표 7-02〉는 '왜 검출되지 않고 후공정까지 갔을까'에 대한 5-Why와 그에 상응한 대책이다.

〈도표7-02〉

순서	문제점	상응대책
Why 1	작업자가 청각검사 및 주변이 시끄럽다	작업자 주의교육
Why 2	계측기가 없음	간이 Room 설치
Why 3	비싸서 구매하지 못함	계측기 구매 품의
Why 4	여러 대가 필요함	1대에 여러 개의 출력을 연결하거나 블럭형 CELL 방식으로 변경
Why 5	컨베이어에서 CELL로 바꿈	

검출하지 못한 문제점은 계측기를 사용하여 정밀검사를 해야 하나 투자비 문제로 인해 작업자에게 주의를 주는 선에서 1차 대책을 수립하였지만, 이는 근본적인 대책이 될 수 없다. 임시로는 검사공정에 임시 칸막이를 설치하여 청각 검출력을 향상시켜야 하지만 맨 마지막 원인이 컨베이어 방식에서 CELL 방식으로 변하면서 여러 대의 계측기를 구매해야 하기 때문에 투자비가 부담을 해소하지 못한 것이 근본 문제이다. 따라서 계측기 한 대로 모든 CELL라인이 사용 가능하게 출력단을 개조하던지 아니면 CELL라인을 블록형으로 변경하여 검사공정을 분리 운영하여 계측 검사를 하고 염가의 검사실을 만들어 주는 것이 근치 대책이다.

이상의 사례를 만들어 설명하였지만 어떤 불량이든 저절로 해결되는 것은 없다. 수고를 아끼지 않는 습성으로 문제에 접근해야 하며 섬세한 생각과 분석을 기반으로 하는 개선활동의 문화가 자리잡아야 한다. 그러기 위해서는 문제가 발생하면 원인이 무엇인지를 생각하기 보다 아예 근본 원인이 무엇일까를 먼저 생각해야 하고, 품질문제의 완벽한 해결은 땀을 흘리는 것이라고 생각하는 것이 문제해결의 지름길이다. 무한불성(無汗不成)이라는 말도 있지 않은가.

02 100% 양품만 만드는 프로세스를 만들자

앞장에서 우리는 발생 문제점에 대해 '왜 발생했는지, 왜 검출하지 못했는지'에 대해 다섯 번의 '왜?'를 반복하면서 문제의 근본적인 원인을 파악하고 재발 방지를 위한 근치 대책에 대한 것들을 알아보았다. 이 장에서는 문제가 발생된 다음에 개선을 하는 수동적인 접근방식에서 벗어나서 처음부터 불량이라는 말이 통하지 않는 제조공정을 만들 수는 없을까라는 보다 적극적이고 능동적인 기법에 대하여 기술하고자 한다.

제조기술의 미션(Mission)은 '가장 값싸게 품질을 보증하는 생산 시스템을 만드는 일'이라고 할 수 있다. 이 정의에 가장 부합되는 생산시스템의 관점에서 품질을 보자는 이야기이다.

제품의 생산과정에서 기능과 성능적 불량을 선별하는 것은 기본이다. 만약에 조선 백자를 만드는 생산 라인에서 고려 청자가 나왔다고 상상해보자. 어떻게 할 것인가?

금(金)이라도 발견한 것처럼 애지중지 거두어 들이는 게 맞을까, 아니면 과감이 불량으로 처리해야 맞을까? 쉬운 질문 앞에서 우리들의 생각과 마인드를 조용히 돌아볼 수 있어야 한다.

질문의 정답은 당연히 룰과 규정대로 티끌만큼의 망설임도 없이 불량으로 처리하는 것이 맞으며 결국 이런 생각과 자세가 제품이 아닌 품질을 생산해 낸다는 사고방식이다.

100% 양품을 만들기 위해서는 이런 작은 철학이 기본이 됨과 동시에 실제로 양품제조에 필요한 관리항목을 찾아내고 그것을 관리하는 방법과 기준들을 명확히 하는 룰을 만들어서 지켜야 한다. 세부관리가 더 필요한 항목은 작업표준을 만들어 특별 관리함은 물론 공정에서의 택트타임 문제로 검사를 할 수 없는 항목들에 대해서도 소시료를 모아서 별도로 검사를 하는 방법 등을 강구해야 된다. 이런 것들을 어떻게 구체적으로 잘 만들 수 있는지가 '100% 양품 만들기'에서 성패를 좌우하는 핵심 요소가 될 것이다.

이러한 작업표준서를 만든 후에는 모든 작업자나 현장 관리자가 교회에서 주기도문 외우듯이 줄줄 암기하여 어떤 부품을 가공하거나 어떤 제품을 조립할 때에라도 자동적으로 체크하고 확인하도록 하는 프로세스나 시스템이 구축되고 습관화되어야 할 것이다.

생산하기에 앞서 '관리공정도'를 만들자

어느 회사의 생산라인을 가서 보면 작업지도서가 눈에 띈다. 또 이런 작업지도서가 없으면 관리 감독자는 꾸중을 듣거나 문책을 당하기도 한다. 그런데 여기서 이상한 것은 작업지도서가 걸려있는 위치를 보면 하나같이 작업자 머리 위에 있다. 어떻게 보라는 것인가? 쉬는 시간에 본다고 하더라도 머리를 들고 바라보면 곧 고개가 아파오는데 과연 작업하고 쉬는 시간에 쳐다보기도 힘든 작업지도서를 성의와 관심을 가지고 읽어보는 사람이 몇 명이나 있겠는가. 이런 것부터 기본에서 다시 시작하는 것이 필요하다고 생각한다. 또한 작업지도서는 품질관리 측면에서 보면 하위 레벨의 규칙 정도가 될 것이다. 이런 식의 단위공정이나 작업에 대한 설명서 정도로는 100% 양품을 만드는 생산공정이라고 말하기 어렵다. 무엇인가 좀 체계적이고 과학적이며 관리의 지속성을 가질 수 있는 현장의 바이블(Bible)이 필요하다.

이것에 대한 해답이 바로 '관리공정도'라고 생각한다.

관리공정도는 한마디로 공정에서 표준작업을 통해 품질을 확보하는 목적으로 만드는 것이며 회사 차원의 관점에서는 자주검사 관리체계이고, 제조부서 차원에서 보면 작업자와 현장관리자 그리고 기술 스태프가 함께 검사하는 순차 검사의 개념이라고 할 수 있다.

제조기술 부서에서 주관이 되어 만들어지고 품질을 생산한다는 철학으로 운영되어야 하며 관리공정도에 대한 모든 권한은 제조기술에 두어야 한다. 그래서 제작-승인·등록-보관의 절차를 일관성 있게 집행하며 제품의 단종 후에도 시장품질의 추적성(Traceability)을 확보해야 개선이 된다.

이러한 관리공정도를 만들기 위해서는 표준템플릿을 정하고 그 기준에 따라 일사불란하게 만들어서 관리공정도를 보는 사람이면 누구나 쉽게 이해하고 어느 부분을 중점 관리해야 하는지 알 수 있게 해야 한다.

관리공정도는 사내를 중심으로 부품공정부터 반제품 그리고 완제품에 이르기까지 모든 공정이 도시되는 것이며 작성 전에 치공구 설비 등의 점검사항을 명기하여 품질 변동 요인을 미연에 방지한다. 또 해당 작업의 작업방법 유의 사항 등을 이해하기 쉽게 나열하여 작성하되 작업의 동작분석이나 시간연구 등 IE기법을 활용하고 특히 작업방법은 작업내용에 따라 품질이 확보되는 범위 내에서 어떻게 작업을 할 것인가를 구체적으로 표기하여 누가 작업을 하더라도 동일한 작업이 이루어져 균일품질이 나올 수 있도록 해야 한다.

또한 작업자 별로 작업이 끝나면 특히 후공정의 품질특성에 영향을 미치는 인자들을 명기하여 작업자의 자주검사를 통한 끝 마무리가 이루어지도록 하고 Data화하여 관리한다.

　끝으로 중요한 것은 자주검사 시 이상 상황을 작업자가 쉽게 판단하도록 상황의 예를 명기하고 조치하는 방법까지도 명기해야 할 것이다.

　관리공정도를 작성할 때 필요한 도시 기호를 아래 그림을 통해서 보고 숙지하기 바라며 이러한 기호들은 제조부문에서 대부분 표준화되어 사용하고 있다.

〈그림7-01〉

가공	운반	정체		검사	
		일시보관	투입대기	수량	품질
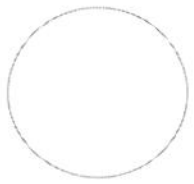 ○	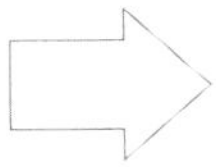 ⇨	 ▽	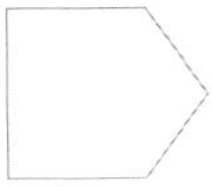 ⬠	□	◇

　〈그림 7-01〉 중 운반기호(⇨)는 컨베이어 상에서는 생략되고 반드시 방향성을 지켜야 하는 것은 아니다.

　〈그림7-02〉에서 복합1의 도시는 작업과 검사를 동시에 진행하는 복합 도시기호로 원이 바깥에 있을 때에는 작업이 주이고 검사가 보조이며, 원이 안에 위치할 경우에는 반대로 주가 검사이며 보조가 작업이다. 또 복합2는 수량검사가 주이고 품질검사는 보조이며, 마름모가 바깥에 위치할 경우에는 품질검사가 주이고 수량검사는 보조가 되는 것이다.

　가공이나 조립의 경우 수동과 자동을 구분할 때에는 원안에 W(Work) 또는 A(Automation) 글자를 넣어 구분하면 된다.

복합 1	복합 2	흐름	소관구분	도시생략	폐기

공정과 공정을 연결하는 선의 표시는 실선으로 중앙에서 중앙으로 연결하며 여러 개의 공정 계열을 나타내는 경우 주 목적의 대상은 굵게, 기타의 것은 가늘게 연결한다.

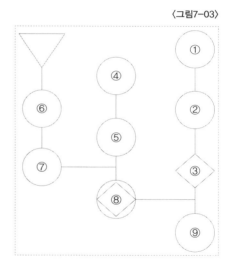

〈그림7-03〉

일반적으로 본공정과 준비공정이 복잡하게 얽혀있는 경우에는 공정 순번을 매겨 표현하는데 본공정으로부터 준비공정 순서로 오른쪽 〈그림 7-03〉과 같이 나타낸다. 본공정의 1-2-3공정이 끝나고 준비공정 4-5번으로 이동하고 다시 준비공정 6-7번을 거쳐 8번, 9번으로 연결되는 것이다.

다음은 실제 관리공정도를 작성하는 방법에 대해 설명하기로 하자.

다음 대표 양식을 그림으로 나타내고 이어서 작성 방법이나 중점 포인트에 대해 부가적인 설명을 하도록 하겠다.

(   )공정 관리공정도

제품명	적용모델	공정명	등록NO	개정NO	등록구분		PAGE
					영구	임시(한)	

투입 재료	공정도시		공정 NO	작업명	관련 표준 NO	관리 항목	규격 (SPEC)	관리 항목 및 책임 검사	차공구 및 사용기기	담당자
	준비 공정	본 공정								

상기 그림에서 등록NO난에는 회사가 정해놓은 규격이나 규칙에 준하여 기입하면 되고, 개정번호가 중요한데 Version 0에서 시작하여 글자한 개라도 바뀌면 업그레이드를 해야 한다.

등록구분 난에는 영구보관인지 2년인지 등, 년도 단위로 보관기간을 기입하고 페이지를 빠짐없이 기입하여 찾기 쉽게 하고, 페이지 분실 시에도 어느 부분을 보완해야 하는지 알도록 하는 것이 중요하다.

아래쪽의 그림이 실제 작업내용과 연계된 중요한 부분으로 우선 공정을 관리해야 하는 생산제품을(반제품이든 완제품이든) 기입하고 공정도시난에 앞에서 설명한 공정도시 기호를 빠짐없이 기입하여 준비공정인지

본공정인지 또는 조립인지 검사공정인지를 알게 한다.

작업명을 기입하는 난 옆에 작업표준을 적어 넣어야 하는데 뒷장에서 얘기하겠지만 100% 양품을 만들기 위해서는 사실상 관리공정도와 작업표준이 가장 중요하다. 오른쪽으로 이동하면 관리항목과 규격(SPEC)이 나오고 사용 설비나 치공구를 차례로 기입하고 맨 마지막에 작업을 수행하는 주체를 적는다.

작업표준을 만들고 표준대로 작업하자

관리공정도의 중요성 못지않게 작업표준을 만드는 일이 매우 중요하다.

작업표준은 작업의 상이함으로 인한 품질산포를 최소화하고 균일작업이 되도록 하기 위해 제품의 요소작업이나 단위 작업별로 작업순서, 작업방법, 사용설비나 치공구 등을 정해서 어떠한 상황에서도 작업의 결과치가 같도록 하기 위해 만드는 제조의 절대 룰(Rule)이다.

작업표준을 잘 만들고 표준대로 작업하는 것이야 말로 품질을 생산하는 제조라인의 기본 중에 기본이며 선결과제라고 말하고 싶다.

어떤 규정을 통과하기 위해 만든다든지 아니면 표준을 고생하여 만들어 놓고 표준대로 작업하지 않는다면 경영의 고정비만 늘리는 격이 되고 만다.

〈그림7-05〉에 작업표준서 양식을 제시하였으나 작업장의 특성에 맞게 개발하는 것도 좋다.

작업표준서			결재	입안	심사	결정
사본확인		적용공정				
등록번호		등록일자		개정NO		
적용모델		작성일자		작성자	순차 및 중점검사 항목	
					교 육 현 황	
					유 관 표 준	

위의 그림에서 등록번호는 주민등록번호와 같이 영구적으로 관리되도록 하고 순차 및 중점검사 항목에 대한 내용을 품질에 기반하여 Key Word로 잘 설명되어야 하며, 작업자 교육현황도 기록하고 특히 유관표준에 대해서도 서로 교차확인이 될 수 있도록 반드시 기입해 놓아야 한다.

작업표준은 제조부서 작업자와 관리자 그리고 제조기술자가 혼연일체가 되어 지켜야 되는 것이며 비록 표준의 내용이 미흡하다 할지라도 개정이 될 때까지는 작업표준을 벗어난 어떠한 작업도 해서는 안 된다.

또한 관리공정도나 작업표준이 없으면 작업을 거부하는 것이 품질을 생산하는 기본 마인드다.

"No Spec No Work"라는 말을 그냥 외치는 것이 아니고 반드시 그렇게 해야 하는 것이며, 관리공정도나 작업표준은 상시 제정과 개정을 통하여 Best상태를 유지해야 한다.

표준작업이 어느 정도 수준인가를 주기적으로 현장 점검(Audit)를 통해 관리해야 하고 관련지표는 '표준정착률'이다. 표준정착률은 표준완전율에 표준준수율을 곱한 값이다. 표준완전율은 관리공정도나 작업표준서를 얼마나 내실 있고 완전하게 만들었는지에 대한 지표이고 품질부서에서 인증하는 것이 좋다(표준정착률 = 표준완전율 X 표준준수율).

표준준수율은 제조 현장이 얼마나 표준대로 작업을 이행하는지에 대한 지표로써 품질 부서의 주기적인 점검(Audit)를 통해 평가한다. 표준정착률로 관리하고 95% 이상은 되어야 표준작업체계가 정착되었다고 할 수 있다.

소시료 검사 제도를 만들어 운영하자

완벽한 품질을 생산하기 위해서는 불량발생의 원류품질을 확보하는 것이 순리이고 기본이나 100% 양품만 제조공정으로 들어온다고 확신할 수 없기 때문에 검사를 하여 불량을 걸러낼 수 밖에 없다. 그런데 이러한 검사도 목표 택트타임 내에서 이루어져야 한다는 것이 고민이다.

물론 검사 공정을 병렬로 트리플로 만들어 검사시간을 2~3배 늘리는 방법이 있을 수 있으나 한계가 있다. 1인 완결형 CELL라인의 경우는 상관없지만 컨베이어나 여러 사람이 작업을 나누어 생산하는 라인은 목표 택트타임이 있고 이 시간을 벗어나는 검사는 간이로 하거나 생략을 하면서 불량을 흘려 보낼 수 있다.

소시료 검사란 택트타임을 초과하는 검사항목에 대해서 생산라인 마지막 공정에 검사자를 배치하여 5대나 10대 간격으로 시료를 채취한 후에 작업표준에 준하여 검사를 실시하는 방법이다. 물론 관리공정도 상에도 이와 같은 소시료 검사공정을 명기하여 정식으로 운영하고 검사방법도 작업표준서를 만들어 함께 운영을 해야 한다. 소시료 검사는 특정 항목만을 생산 라인에서 검사하는 것이므로 OQC검사나 IBI(Internal Buyer Inspection)검사와는 성격이 다르다고 할 수 있다.

03 제조현장 전체를 Fool Proof화 하자

생산현장에서 설비나 사람에 의한 실수는 얼마든지 발생한다. 이러한 실수가 별문제가 없는 것도 있고 불량을 만들어 낼 수도 있으며 심지어는 인명을 살상할 수 있는 사고로 연결되는 경우도 있다. 때문에 이런 실수들이 발생하지 않도록 하는 것이 무엇보다 중요하고 실수를 했더라도 바로 인지가 가능하도록 하여 즉시 개선을 할 수 있도록 하는 시스템이 필요하다.

　Fool Proof란 일본의 뽀까요케(ポカヨケ)에서 출발한 단어로 볼 수 있는데 뽀까(바보스러움)라는 말과 요케(방지)라는 말의 합성어이다. 어처구니 없는 실수를 방지한다는 뜻이 되겠다.

　이것을 일본식 영어로 표현하다 보니 Fool Proof라는 말을 사용한 것 같고 지금까지 사용하고 있으나 의미에 더 알맞은 표현은 Mistakes Proof가 아닐까 생각한다

　어쨌든 Fool Proof라는 것은 사람의 실수를 미리 방지하거나 또는 발생된 실수가 쉽게 검출될 수 있게 고안된 장치나 수단들을 가리키는 말이다. 사용자나 제조현장의 작업자가 실수를 하더라도 품질문제로 연결되지 않도록 설계단계에서 미리 예방 기능을 반영하거나 생산라인에서 작업자가 실수를 하더라도 품질문제가 발생하지 않도록 공정을 설계하거나

장치를 만들어 적용하는 것을 말한다.

일상 생활에서의 Fool Proof사례

일상생활에서 Fool Proof가 적용된 사례는 여러 가지가 있다. 쉬운 예로 아침에 늦잠을 방지하기 위한 자명종이 있고, 오토미션 자동차에서 D(드라이브) 위치에서는 시동이 걸리지 않게 설계한 것도 있다. 자동차의 경우 D 위치에서 시동을 걸 때 차가 앞으로 갑자기 튀어 나가 사고를 발생시킬 경우를 생각하여 설계에 Fool Proof 기능을 반영한 것이다.

또 철도 건널목에 설치된 경고등이나 바리케이트 등도 일종의 Fool Poof 장치이며 더 완벽한 Fool Proof가 되기 위해서는 건널목 위로 고가도로를 설치하거나 지하터널을 만들어 열차와 자동차가 직접 교차하는 일이 없도록 하여 충돌요인을 근본적으로 없애는 방식이다. 이 밖에도 세탁기가 작동 중에는 문이 열리지 않게 설계한 것도 일종의 안전사고를 예방하기 위한 Fool Proof이다.

제조현장에서의 Fool Proof화

제조현장의 Fool Proof화 사례에서 기본적으로 추진하는 것이 색깔로 구분하는 것이다. 불량품을 담는 용기의 색깔을 모두 붉은색으로 사용한다든지 작업자의 통로와 설비의 위치에 각기 다른 색으로 가이드라인을 만드는 것도 모두 Fool Proof라고 볼 수 있다.

공정에서 품질을 확보하기 위한 Fool Proof 대책으로는 무게의 차이로 식별하는 법, 부품 크기의 차이, 형상의 차이 등 양품의 조건을 설정하고 그것과 다른 부품이 들어 왔을 때 즉시 식별하는 방법이 있을 수 있고 정해진 작업순서대로 작업을 하지 않았을 때 다음 작업을 할 수 없게 설비가 자동으로 정지되게 하는 장치도 만들 수 있다. 또한 부품의 소요 원수를 미리 파악하여 정확한 수량만 공급해 주면 작업 후에 과부족에 의한 작업의 에러를 파악할 수 있게 하는 장치 등 여러 가지 방법으로 Fool Proof 장치를 고안해 낼 수 있다.

아래 도표에서 이와 같은 Fool Proof 기법을 정리해 놓았다.

〈도표7-03〉 여러 가지 Fool Proof 기법

1. 중량 Fool-proof
   양품의 중량기준을 설정하고 이에 의해 불량품을 찾는다. 좌우의 중량밸런스에 의해 불량판별

2. Size Fool-proof
   세로 · 가로 · 높이 · 두께 · 직경 등의 Size를 기준으로 그 차이에 의한 불량판별

3. 형상 Fool-proof
   홀 · 각 · 돌기 · 요면(凹面) · 휨 등 재료나 부품 혹은 공구형상의 특성을 이용(기준)하여 그 차이에 의해 불량을 판별한다

4. 연합동작 Fool-proof
   작업자의 동작이나 설비 장치의 연합 동작이 작업기준으로 결정된 작업순서에 따르지 않았을 경우에 그 이후의 작업이 불가능 하다

5. 순서 Fool-proof
   일련의 생산작업에서 표준작업을 따르지 않고 생산 누락을 일으킨 경우, 작업이 불가능 하다

6. 작업자 수 Fool-proof
   작업의 회수나 부품의 개수 등 이미 수가 정해진 경우 이것을 기준으로 하여 그 차이로 인식하게 한다

7. 조합 Fool-proof
   몇 개의 부품을 조합하여 1세트를 가지는 경우, 세트 수만큼 각 부품을 준비하여, 세트 완료 후 부품의 유무에 의해 이상이 발생한 것을 확인 하다

8. 범위 Fool-proof
   압력 · 전류 · 온도 · 시간 등 미리 정한 범위 수치를 초과/미달 되면 작업이 불가능

〈도표7-03〉 내의 Fool Proof 기법을 응용하여 실제 제조현장에 적용한 사례는 무수히 많다.

중량이 틀리면 전자저울이 오작동되어 경고음을 발생시켜 후공정 이송이 되지 않게 하는 장치가 있고, 크기나 형상이 다르면 미리 정해놓은 필터를 통과할 수 없게 하는 장치를 만들어 불량 부품이 아예 투입되지 못하게 하는 장치도 있다.

이 밖에도 생산을 하는 중에 심각한 품질문제가 발생하거나 동일 불량이 3회 이상 발생하여 작업자가 라인스톱 스위치를 누르면 라인 전체가 정지하고 벨이 울리는 것도 품질을 위한 Fool Proof 기법에서 출발한 프로세스이다. 지금까지 100% 양품을 만들기 위한 프로세스를 갖추기 위해서는 Rule을 만들어 지키는 것도 중요하지만 Rule을 지키지 않았을 때에도 불량이 발생하지 않도록 생각하는 설비(Fool Proof)를 만들어야 한다.

도요타 제조를
넘어서려면

01 먼저 도요타의 제조기술을 알아야 한다

도요타 자동차 하면 떠오르는 것이 무엇일까? 글로벌 자동차 판매대수1위, TPS, 간판방식, JIT 등등 대략 이 정도를 생각할 것이다.

모든 사람이 인지하고 있듯이 도요타의 제조기술은 널리 알려진 대로 세계 최고수준으로 글로벌 제조기업의 로망의 대상이 된 지 오래다. 한국도 그 동안 제조기술 분야에 많은 발전을 해 왔지만 이론과 철학 그리고 디테일한 방법론에 있어서는 TPS로 대표되는 도요타 제조기술을 좀더 배울 필요가 있다고 생각한다.

도요타 자동차의 창업주 도요타 기이치로는 그의 아버지 사키치로부터 제조철학을 배우고 미래를 꿰뚫어 보는 선견력과 예지력을 물려 받았으며 여기에 스스로 중요하게 생각하였던 혁신의 개념을 추가하여 도요타 생산시스템(TPS)을 기안하였다. 혁신 전문가 오노 다이이치에 의해 완성된 TPS의 역사는 근 반세기에 가까운 시간을 보내면서도 흔들림 없이 일관된 제조기술을 보유해 오면서 많은 국가의 기업들이 이러한 TPS모델을 앞다투어 도입하고 있다.

이와 같이 도요타 자동차는 그들만의 제조철학과 사상으로 무장하여 마치 100년 대계를 꿈꾸는 교육 정책과도 같이 흔들림 없는 혁신을 추구하여 도요타 가문에서 출발한 제조철학의 전통을 잘 보전시키며 세계 일등의 제조기술을 확보한 채로 오늘도 진화는 멈추지 않고 있다.

도요타 생산시스템(TPS)의 두 가지 기둥

이에 필자는 여러 가지 기법과 노하우를 보유한 TPS의 전체를 이 책을 통하여 모두 설명할 수는 없겠으나 TPS를 대표하는 두 가지 기둥을 중심으로 도요타의 집을 만들어 설명해 보고자 한다. 혹시나 부족한 부분이 있다면 『The Toyota Way』(2004, 제프리 라이커 지음)이나 『오노 다이이치와 도요타 생산방식』(2004, 미토세쓰오 지음) 서적을 참고하여 주기 바란다.

〈그림 8-01〉은 하타라꾸(사람 인(人)과 움직일 동(動)자가 결합한 일본식 한자) 자동화와 저스트 인 타임(JIT)이라는 두 가지 기둥으로 지어진 Toyota House이며 이는 TPS가 단순한 기법의 집합체가 아닌 집약구조에 근거한 집처럼 하나의 시스템으로 있기 때문이다. 여러 가지 형태의 집들이 존재하지만 핵심 원리는 같은 것처럼 집이라는 구조물은 튼튼한 토양의 기초 위에서 기둥과 지붕이 서로 잘 맞물려 있는 경우에만 강하다. 어느 하나라도 약해지면 집이라는 시스템은 무너져 내린다.

〈그림8-01〉 The Toyota House

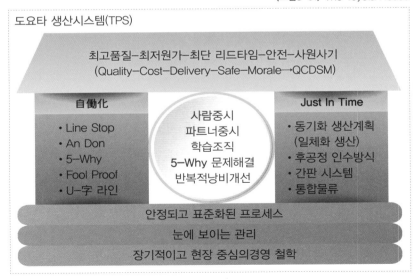

그림으로 나타냈듯이 토요타의 집은 최고의 품질과 최저비용 최단 리드타임이라는 목표에서 출발한다. 이것이 그림에서 지붕을 나타내고 그 다음으로 두 개의 기둥이 지붕을 받치고 있는데 왼쪽은 끊임없는 개선과 부가가치를 창출하는 자동화(사람인 변)이고 오른쪽은 저스트 인 타임(Just in Time)인 JIT인 것이다.

먼저 자동화를 보면 통상 우리가 사용하는 自動化의 한자와는 달리 동(動)자 앞에 사람인(人)자를 추가하여 사용하고 있고, 이러한 동(働)자는 일본식 발음으로 '하타라꾸'라고 하며 '일을 하다'라는 뜻이다. 붙여서 얘기하면 '스스로 일을 하도록 설비를 만든다'라는 뜻이 될 것이고 또 다른 말로는 '사람이 움직이면 낭비가 아닌 일이 되어야 한다'라는 뜻도 되겠다.

한편으로 자동화라는 것이 단순히 사람의 일을 대체시키는 기계장치가 아니고 인간의 감성이 가미되어 사람처럼 생각하고 일을 하는 장치라야 한다는 의미를 담고 있는 것이고 저변에는 낭비제거 인식이 깊숙이 있는 것이다.

이러한 자동화 설비는 물건을 가공하거나 조립을 할 때 표준과 차이가 발생하면 자동으로 즉시 멈춘다든지 기타 부품의 결품이나 오류가 발생하면 경광등이 켜지거나 경고음을 발생시켜 문제 부품이 다음 공정으로 넘어가지 못하도록 하여 원천적으로 공정에서 품질을 보증하는 프로세스를 갖추는 것으로써 설비 하나 글자 하나에도 그들의 철학과 사상이 고스란히 담겨 있음을 알 수 있다.

한국에서도 라인스톱 제도를 운영하던 시절이 있었지만 지속성과 운용면에서 보완점이 있었고 아쉬운 점도 많았던 것으로 기억된다. 당시에 생산현장에서 라인을 정지시키는 일은 현장 관리자의 직업적 생명을 거는 일인데 이를 주저 없이 실천에 옮기기는 현실적으로 쉽지 않았던 상황이다. 시행 초기와 달리 점점 스톱을 하는 기준이 완화 되어 가다가 결국은 제도를 바꾸는 것으로 대체되고 만 것이다.

그러나 필자가 도요타(TPS) 연수 시절을 겪으면서 똑같은 상황을 경험했을 때 도요타 부품사인 K사 현장 관리자는 달랐다. 그는 한결같이 "문제를 발생 즉시 해결하지 않고 뒤로 미루면 발생문제를 해결하지도 못하고 새롭게 발생하는 문제도 지속적으로 쌓이면서 나중에는 훨씬 더 큰 비용과 손실이 발생하기 때문에 당장 라인을 세워서 개선을 해야 한다"는 주장을 하면서 교육생들에게 자랑스럽게 설명하던 모습이 떠 오른다.

도요타 House의 자동화 기둥을 받치는 또 다른 한가지는 안돈(Andon) 시스템이다.

〈그림 8-02〉와 같이 제조현장에 문제가 발생하면 가장 쉽고도 즉시 알 수 있는 방법으로 눈에 잘 보이는 위치에 램프를 설치하여 정상과 이상을 구별해 놓는 것이다.

한걸음 더 나아가면 제조와 관련된 사람이나 설비의 동작이 효율적이지 못하고 낭비가 발생하는 것도 구별하여 표시한다.

〈그림8-02〉 안돈시스템

예를 들어 설비가 정상적으로 부가가치를 내는 작동을 할 때에는 녹색으로, 고장이 발생하여 정지하고 있을 때에는 붉은색으로 점등이 되고, 이상 조치까지는 필요 없지만 부가가치 동작은 아닌 경우(이를 Idle Time 이라고 함)에는 노란색으로 점등이 된다. 그러기 때문에 협력사를 포함한 도요타의 어느 제조현장을 가서 보더라도 항상 세 가지 색깔의 안돈 상태를 볼 수 있다. 색상 별 비율은 공장마다 시간마다 다르게 나타나겠지만 중요한 것은 노란색으로 점등이 되고 있는 것에 대한 인식의 차이가 있었다. 지금 당장의 문제는 아니지만 언젠가는 녹색으로 점등될 수 있게 하기 위하여 부단히 연구하고 고민하는 사람이 있다는 것이다.

이런 시스템이 도처에 여러 가지 형태로 존재하고 있는데 도요타 House에서 토양을 두 번째로 떠받치고 있는 '눈으로 보는 관리'의 하나라고 이해하면 되겠다.

기둥을 바치는 나머지 요소들 즉 사람과 기계의 분리작업이라든지, Fool Proof와 5-Why에 대해서는 이미 한국에도 널리 알려져 사용되고 있고 앞부분에서 설명이 되었으므로 생략한다.

두 가지 기둥 중 다른 하는 JIT(Just In Time)이다.

이것은 한마디로 표현하면 회사와 회사 간 공정과 공정 사이에 재공품이 발생하지 않도록 택트타임을 맞추는 것이라고 할 수 있다.

필요한 시간에 필요한 양만큼 필요한 곳에 가져가려면 택트타임이 같아야 할 것이다. 만약에 그렇지 않을 경우에는 택트타임 차이로 인한 잉여 생산품을 어느 공정이든 보관해야 할 수밖에 없다.

도요타는 이러한 문제를 해결하기 위해서 풀(Pool)방식 즉 후공정에서 필요한 만큼만 당겨오고 당겨온 만큼 앞 공정은 생산지시를 내려 보충하는 방식이다. 모든 공정에 이런 시스템이 도입되고 있기 때문에 별도의 생산계획이 필요 없다. 최소량의 안전 재고만 확보하고 있으면 후공정을 정지시키는 일 없이 제조 현장이 선순환으로 돌아갈 수가 있는데 이것이 도요타의 대표적인 '간판방식(Kanban)'이다. 종래의 대량 생산방식에서 사용하던 밀어내기 방식 즉 푸쉬Push 방식과 대조되는 방식이며, 부품사 공정에도 같은 방식을 적용하고 있다.

다음 그림은 사외 공정에 적용하고 있는 간판 프로세스를 보여주고
있다.

납품하역
외주업체가 지정된 날
짜와 장소에 납품 하역

물류이동
물류담당자가 지정된
치장으로 이동

출하준비
간판의 종유와 숫자에
기반하여 부품의
출하 준비

조립
최초의 부품을
사요할때 간판을
꺼내어 모은다

인수
납품자가 간판,
빈 파렛트, 전표를
인수한다

납품지시
회수된 간판을
분리하고 업체별로
다시 납품지시를 한다

간판회수
담당자가 정기적으로
순회하여 모아둔
간판을 회수함

위와 같은 프로세스 위에서 무재고 방식으로 부품사에 납품지시를 운
영하려면 일 주간의 확정 계획을 정하고 계획의 변경을 하지 않은 상태
에서 일 단위로 실행을 하면서 안정적인 프로세스 위에서 협력업체의 정
시 · 정량 납품이 이루어지고 있는 것이다.

〈그림 8-01〉에서 두 개의 기둥을 군건히 받치며 튼튼한 기초를 이루
는 것 중에 하나가 '장기적이고 현장 중심적인 철학'이다. 이는 앞서 설명
한 3현주의에 대한 도요타의 강한 신념을 바탕으로 지속적인 추진과 실
행을 통해 얻은 결과이다. 그러므로 모든 사업에 있어 성공을 위한 가장
중요한 요소는 인내심과 지속적인 개선 마인드, 그리고 단기보다는 장기
적인 결과에 초점을 두는 것이며, 사람, 제품, 공장에 대한 재투자, 그리

고 품질에 대한 끊임없는 헌신적 노력이 필요한데, 이것이 도요타의 정신이다.

도요타 House를 구성하는 요소 중에는 지붕과 기둥 그리고 기초토양 안에서 성장하고 발전한 것이 있는데 그것은 사람과 파트너를 중시하는 사고와 끊임없이 학습하고 개선하는 문화이며 이러한 독특한 문화야말로 누구나 쉽게 따라 할 수 없는 도요타의 성장동력이자 TPS의 글로벌 성공을 견인한 DNA이라고 볼 수 있다.

끝으로 TPS가 세계 최고의 제조기술로 자리를 잡게 된 배경에는 작업 현장부터 경영진에 이르기까지 지속적인 개선활동을 일상의 습관적 행동으로 만들어 내는 문화와 참여적 경영 그리고 적절한 훈련을 하나로 묶어내는 능력이 있으며, 특히 도요타 자동차의 4P(Philosophy- People & Partners-Problem Solving) 중심의 비즈니스 원칙이 있었다.

도요타 비즈니스 4P 원칙은 다음과 같다.

〈그림8-04〉 도요타 비즈니스4P원칙

Problem Solving (지속적인 개선과 학습)

People & Partners (양성하고 존중하라)

Process (낭비제거)

Philosophy (장기적인 사고)

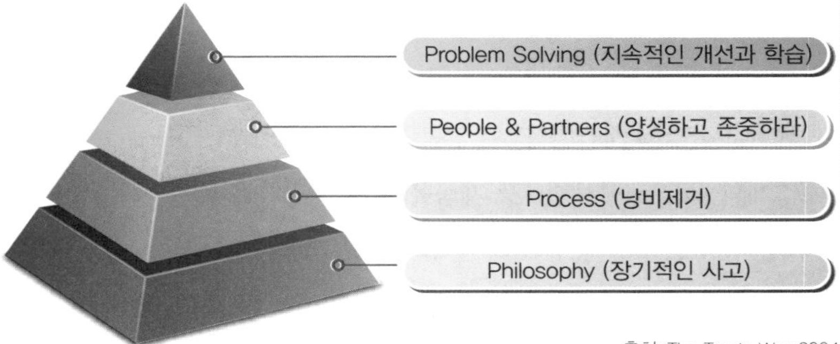

출처: The Toyota Way 2004

첫째 단기적 재무성과보다는 장기적인 철학에 기초하여 경영에 관한 의사결정을 할 것.

둘째 낭비 없는 프로세스를 만드는 것.

셋째 사람을 육성하고 부품사(Partners)를 존중하는 것이며, 넷째 지속적인 학습을 통해 문제를 근본적으로 개선하는 것이라 하겠다.

02 한국 고유의 제조철학과 비전이 있어야

세계 최고의 제조기술력을 보유한 도요타 자동차를 넘어서려면 한국에도 TPS와 같은 철학과 방법론을 개발하고 지속적인 학습을 통해 계승 발전되는 토양을 만들어야 한다.

물론 지금까지 약 30여 년에 걸쳐 회사마다 TPS를 도입하였고 나름대로 성공적인 사례를 만들기도 하고, 좀더 한국적인 문화에 맞추어 나름 업그레이드된 체계를 만들어 활용하고 있는 회사도 있을 수 있다.

그러나 그것은 어디까지나 모방에 불과하며 그 속을 들여다 보면 본질보다는 형식이나 진열에 초점이 맞추어진 것도 있을 것이다.

우선 TPS와 견줄만한 KPS(Korea Production System) 또는 **XPS**를 만들고 그 속에 한국만의 제조철학과 개념 그리고 방법론이 제시된 우리 것을 만들어 내는 것이 시급하다.

경제의 규모나 글로벌 1등 제품을 보면 우리가 일본을 이기고 있는 제품이 많이 있는데도 불구하고 아직도 그런 제품을 생산하는 설비나 제조방식이 일본의 것을 따라 하거나 흉내내기에 급급해서야 말이 되질 않는다. 일본의 방식으로 어떻게 글로벌 1등 제품을 만들 수 있는 건지 아이러니하기만 하지 않는가.

TPS를 넘어서는 한국제조시스템(KPS)

한국생산시스템(이하 KPS)을 만든다고 해서 모든 것을 새롭게 개발하고 정립한다는 것은 물리적으로도 어렵고 기술적으로도 상당한 어려움이 있으며 또한 그것을 만들어 내기 위한 시간은 얼마나 필요할지 지금으로서는 알 수도 없다.

이미 도요타 생산방식으로부터 배워 익히고 각 회사마다 유익하다고 판단되는 것은 그대로 추진을 하면서 본래의 내용과 부합되도록 추가 학습을 통하여 보완해왔다. 아직 도입하지 못한 부분들은 더 학습을 통하여 어떤 것이 우리 현실에 맞는지 선택할 시간이 충분히 있다.

내가 이 책을 통해 이야기하고 싶은 것은, TPS를 그대로 복사하여 사용하기보다는 그 동안 한국 제조의 역사와 발자취를 고찰하고 한국민의 특징을 잘 살릴 수 있는 체계적인 우리만의 제조기술의 틀과 이정표를 만들어 후세에 영원한 참고서를 물려줄 수 있다면 얼마나 자랑스럽고 보람된 일인가 하는 것이다. 또 이것이 세계인의 입장에서 평가할 때에 TPS보다 한 단계 발전된 제조기술이라는 평가를 받는다면 그 또한 얼마나 행복한 일이 되겠는가?

그런 취지에서 제조기술 30년에 걸친 경험과 그 동안 공부하고 연구한 결과들을 종합하여 TPS와 같은 프레임으로 아래에 '한국제조 House'를 그려 넣었다. 혹자는 TPS와 무슨 차이가 있느냐고 질문을 주실 것이다. 그런 질문을 주신다면 겸허히 수용하겠다. 다만 그 동안 한국 제조가 TPS뿐만 아니라 여러 가지 경쟁사들의 앞서가는 기술을 가져다가 활용해 왔어도 우리 고유의 제조방식이나 시스템으로 모방·창조조차 하지 못한 것에 대한 아쉬움이 있었다. 여기쯤에서 한국의 제조기술을 정리해 보고 어떻게 집약하여 설명하면 그 유명한 TPS를 능가하는 한국 제조기술의 모델을 창조할 수 있을까 하는 희망에서 책을 쓰기 시작했다.

〈그림8-05〉 한국제조의 모델 House

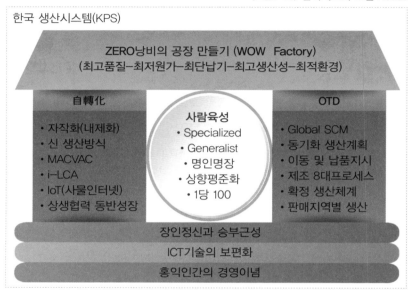

그림에서 보여주는 메시지는 한국의 제조가 30여 년 동안 이 만큼 발전했다는 것을 보여준다. KPS 모델하우스는 저변에 '인간을 널리 이롭게 한다'는 홍익인간의 경영이념을 토대로 하고 있으며 이것은 기업에서 사업보국의 개념을 나타낸다.

그 다음 한국이 그 동안 세계 초일류 수준으로 융합하고 보편화한 ICT기술을 바탕으로 전통적인 장인정신과 결합하여 제조의 견고한 초석을 만들어야 한다는 의미이다.

여기에 제조 현장의 **자전화**와 적기 공급 의미의 **OTD**(On Time Delivery)라는 두 개의 기둥을 세우고 **인재육성**이라는 벽체를 만들어 낭비 없는 WOW Factory의 지붕을 완성함으로써 한국제조의 **Model House**

를 완성시켜야 한다는 Big Vision을 제시한 것이다.

대부분의 한국 제조회사의 경영이념에는 '사업보국'의 개념을 지향하고 있다. 당연히 인류가 행복한 삶을 누리는데 필요한 제품과 서비스를 제공하는 주체이므로 모든 가치를 공유하는 것에서 출발한다. 또한 한국의 ICT기술은 세계 1등 수준이다. 이것은 제조현장이 스스로 운영되는 공장을 만들어 가는데 있어서 튼튼한 기반이 될 것이고 여기에 한국인의 장인정신과 1등을 지향하는 승부근성이 결합된다면 충분한 인프라를 확보하게 된다. 이보다 더 큰 시너지는 없을 것이며 이것이 일본과의 차별화 포인트다.

자전화(自轉化)와 OTD라는 튼튼한 두 개의 기둥

많은 작업자나 관리자가 제조현장에 없어도 양품을 만들며 낭비를 발생시키지 않는 공장의 모습이 **자전화**이다. 이를 위해서는 낭비를 발견하는 눈과 제거하는 기술이 절대로 필요하다 책의 앞부분에서 설명하고 소개한 IE기술이나 CELL 생산방식 등을 완벽하게 이해하고 추진되도록 사람이나 프로세스를 스마트하게 육성하고 구축하는 일이 그래서 무엇보다 중요하며 그런 현장의 토대 위에서 사물인터넷(IoT)의 기술이 접목되어 자전화를 완성해야 할 것이다.

또한 내제화를 통한 원가 절감이나 기술의 고도화도 필요하지만 회사 자체만의 성공은 의미가 약해진다. 부품을 만드는 회사에게 기술과 이익을 나누어주는 상생협력의 정신이 경영원칙에 스며들어 동반성장의 경영이 되었을 때에 세상으로부터 신뢰와 사랑이 생기는 것으로 **100세 누리기업**으로 성장해 가는 것이 곧 자전화의 길이라고 생각한다.

최근 제조업의 근간을 이루고 있는 SCM(Supply Chain Management)은 OTD를 생명으로 한다 부품제조와 완제품제조, 나아가서 고객공정까지를 동기화하여 재고를 가지고 대응하는 것이 아니라 후공정에서 필요한 만큼만 만들어 제때에 이동해가는 개념이다.

TPS의 JIT와 유사한 뜻이겠지만 **OTD**는 마지막 고객까지 공정의 범위를 넓혀서 생각하고 관리한다는 개념으로 그 범위와 규모에 있어서 분명한 차이가 있다. 또한 사내에서 OTD를 실행하는 이동지시 시스템은 전자간판의 개념이며 생산계획 확정구간은 짧을수록 부품에서 제품까지 전체 Supply Chain상의 재고가 줄고 자원운영에 유리하게 될 것이고, 판매 지역별로 공급거점을 운영하는 것이 OTD를 기반으로 하는 Global SCM성공의 지름길이라고 하겠다.

KPS 두 개의 기둥에 완벽한 벽을 만들려면 이 두 개의 기둥을 만들고 유지 발전시킬 수 있는 사람이 필요하다. 한국의 제조기업이 무섭게 발전을 하다가도 한동안 답보상태를 유지하는 원인이 결국은 지속성의 결여와 사람의 문제라고 생각한다. 특히 지나치게 단기간의 성과만을 중시하거나 혁신의 주체를 제조부문에만 맡기는 경영자 그리고 완숙도가 떨어지는 기술의 리더가 있기 때문이다. 이것은 그 동안 수많은 선행 기법이나 기술을 도입하여 추진하다가도 중도에 포기했던 과거의 문제점에 대한 근본 원인이기도 했다.

사람을 육성하는 일이 어쩌면 가장 어려운 과제가 될 수도 있을 것이다. 이 책의 앞 부문에서 "경영은 자원과 프로세스의 관리이며 혁신의 연속"이라는 말을 하였다. 이 개념을 KPS모델 House의 두 기둥에 비유하면 자전화는 자원의 관리이고 **OTD**는 프로세스의 관리이니 이를 지속적으로 혁신하는 것이 곧 제조기술의 경영인 것이다.

끝으로 **KPS**의 최종 지향점은 어떠한 전문가가 바라보아도 낭비를 발견할 수 없는 공장을 새롭게 창조하는 것이다. 홍익인간의 비즈니스 철학이 살아 숨쉬고 스스로 돌아가는 제조현장이 만들어지며 고객이 원하는 시기에 물건을 가져다 주는 공장, 이것을 존재케 하고 발전시키는 사람들로 넘쳐나서 세상의 모든 사람들에게 사랑 받는 기업을 만드는 것, 그것이 **KPS**가 꿈꾸는 일이다.

제조관련 용어 정리

다른 부문도 다 마찬가지이겠지만 제조부문도 약어를 많이 사용한다. 요즘은 일반 사회에서 사용하는 언어에도 약자가 많아서 그 의미를 이해하려고 이것저것 찾아 보았던 적이 있었다.

이 책에서도 약어를 많이 사용하였기 때문에 독자의 이해를 돕기 위해 도표를 이용하여 사용된 약어나 난해한 단어에 대해 사용한 페이지 순서로 정리하였다.

Acronym	Full Spell	Meaning
IE	Industrial Engineering	산업공학을 나타내는 말로 주로 노동생산성과 관련된 낭비개선 활동
TIE	Total Industrial Engineering	노동생산성뿐만 아니라 설비생산성과 기타 낭비 제거활동을 모두 포함
DFX	Design For X	X를 위한 설계란 뜻으로 DFM일 경우 Design For Manufacturability로써 조립성 확보를 위한 설계라는 의미임
CFT	Cross Functional Team	기능별 협의체라는 의미로 개발단계에서 제조기술, 품질, 구매 등의 부서가 모여 시너지를 내기 위한 조직활동
Q-C-D-P-I	Quality-Cost-Delivery -Productivity -Infrastructure	업무추진우선순위가 품질-원가-납기-생산성향상-기본환경 순임을 의미함
WOW	World Best of World First	① '와우'라는 놀람의 의성어 ② 세계 첫 번째로 최고인 공장

Acronym	Full Spell	Meaning
RTF	Return To Forecast	SCM상의 용어로써 수요물량에 대한 공급가능 양을 통보하는 절차
APS	Advanced Planning and Scheduling	상세한 생산계획을 수립하는 시스템으로 ERP와 MES사이에 존재함
MES	Manufacturing Execution System	제조 실행 시스템을 가리키는 말
SCM	Supply Chain Management	생산~공급까지 전체의 망을 가리킴
AP1, 2	Allocation Party 1, 2	시장수용을 실제 예측하는 것으로 1은 사원급, 2는 관리자급으로 구분됨
GC	Global Company	수요예측에 대한 장기값을 결정하는 기구로 '전략 마케팅'이라고도 부름.
SO	Sales Order	영업으로부터 받는 실제 오더
DP	Demand Plan	SCM상에서 판매에서 예측한 수요량
DF	Demand Fulfillment	공급가능 수량 및 납기약속 프로세스
MP	Master Planning	Global단위의 자원점검 및 공급계획
FP	Factory Planning	공장단위의 자원점검 및 생산계획
PO	① Purchase Order	구매~납입 지시 프로세스
	② Production Order	생산지시 프로세스
S&OP	Sales and Operation Planning	생판회의(생산, 판매 ,재고회의)
SOP	Supply Order Plan	공급지시 계획
CEO	Chief Executive Officer	최고경영자이며 부문별 최고책임자를 CXO로 표현하고, X를 바꿔 사용함.

Acronym	Full Spell	Meaning
CFO	Chief Financial Officer	재무 최고책임자
CTO	Chief Technology Officer	최고 기술책임자
COO	Chief Operation Officer	최고 운영책임자
CMO	Chief Marketing Officer	최고 마케팅책임자
CIO	Chief Information Officer	최고 정보책임자 등
TPS	Predetermined Time Standard	작업의 요소 동작 별로 미리 표준시간을 정하여 테이블화 한 것
S/T	Standard Time	작업의 표준시간이며 최적의 작업조건에서 최적의 작업방법으로 숙련된 작업자가 정상작업속도로 작업을 하는데 필요한 시간이며 방법은 여러 가지임
RWF	Ready Work Factor	작업동작을 8개의 종류로 구분하여 산정한 PTS법의 일종으로1분을 1,000RU(1RU=0.001분) 환산함
MODAPTS	Modular Application of Predetermined Time Standard	작업동작을 12개로 분류하여 표준시간을 산출하는 PTS법의 일종 1MOD=0.129초이다.
LOB	Line Of Balance	2명 이상의 공정으로 구성된 생산라인에서 작업자 간 동등 작업량의 비율로 *LOB율=Σ작업시간/(N/T X작업자수)X100
T/T	Tact Time	제품 1대를 생산하는데 소요되는 평균시간
C/T	Cycle Time	설비나 사람이 하나의 작업을 시작하여 끝내고 다음작업 시작할 때까지 걸리는 시간
TCT	Target Cycle Time	목표 Cycle Time
N/T	Neck Time	여러 개의 공정 중에서 시간이 가장 많이 걸리는 공정의 C/T(Bottle Neck의 의미임)

Acronym	Full Spell	Meaning
PDCA	Plan-Do-Check-Action	계획-실행-검증-보정실행
ROI	Return On Investment	투자된 자본의 수익률을 나타내며 투자비가 회수되는 기간으로도 사용된다
LCIA	Low Cost Intelligent Automation	지능을 갖춘 간편자동화
O/H	Over Head	제조산업에서 재료비를 제외한 모든 비용(가공비 + 일체비용)
GR	Good Receipt	입고정보 → 재고등록
GI	Good Issue	출고정보 → 출고등록
RMA	Return Material Authorization	불량으로 인해 반품으로 처리하는 행위
WIP	Work In Process	완성품이 되기 전 부품이나 반제품의 재고
MOQ	Minimum Order Quantity	최소 발주 수량
Sync-SCM	Synchronized SCM	고객사가 부품회사와 SOP나 생산계획 정보를 공유하기 위한 ERP시스템의 일종
WTD	Warehouse, Truck and Docking	부품창고, 트럭, 도크들을 운영하기 위해 별도로 만든 시스템
LTS	Lot Traceable System	ERP상에서 자재의 입고 및 출하관리시스템
SASS	Self Alarmed Supplying System	자재공급시점을 자동으로 알려주는 시스템
FLP	Factory Logistics Planning	공장의 자재와 제품출하를 관리하는 시스템
LTS	Lot Traceable System	ERP상에서 자재의 입고 및 출하관리시스템
SASS	Self Alarmed Supplying System	자재공급시점을 자동으로 알려주는 시스템

Acronym	Full Spell	Meaning
FLP	Factory Logistics Planning	공장의 자재와 제품출하를 관리하는 시스템
WMS	Warehouse Management System	창고관리 시스템의 일종
VE	Value Engineering	기업에서 재료비절감을 위해 부품변경이나 통합 등을 추진하는 Total Engineering
다 Cavity	Multi Cavity	금형 하나에 동종부품을 복수로 Built In함
Family 금형	–	금형 하나에 이종부품을 복수로 Built In함
ESD	Electrostatic Discharge	정전기를 뜻함
EOS	Electric Over Stress	순간 과전류 noisy로 Surgy라고도 부름
Decap 분석	Decapsulate	질산을 이용하여 반도체 피막을 벗겨 내부의 회로상태를 현미경으로 관찰하며 주로 ESD, EOS 원인을 검증하는데 쓰임
SMT	Surface Mounting Technology	PCB표면에 칩을 장착하는 기술 (표면 실장 기술)
PCB	Printed Circuit Board	인쇄 회로기판으로 단층, 양면, 4층, 8층 등으로 구성되며 페놀과 에폭시 재질로 사용
PWB	Printed Wiring Board	인쇄 배선판으로 PCB와 같은 의미 임
PBA	PCB Board Assembly	PCB에 부품을 장착하여 반제품화 한 것
MTO	Make To Order	재고에 의존하지 않고 100%의해 생산함
MTS	Make To Stock	재고에 의한 공급방식으로 재고를 만들기 위해서 생산함(예측생산)

책을 마무리하며

여기까지 읽어준 독자들께 감사의 말씀을 먼저 드린다.

제조를 경험한 분들에게는 그나마 눈에 익숙한 용어들이기 때문에 이해하는데 어려움이 없었을 것이라는 생각이 들지만 학생이나 다른 분야에서 일을 하시는 분들은 용어의 이해에서부터 지루하고 난해한 부분들이 많았을 것이라고 여겨진다.

사실 이 책을 쓰면서도 독자들에게 재미와 즐거움을 드려야 하는데 오히려 피곤함을 주는 것은 아닌지 홀로 고민하며 중간에 작업을 멈추고 생각에 잠길 때가 여러 번 있었다. 그러나 오랜 시간 제조업에 몸담고 여기까지 오는 동안에 여러 장르의 서적을 읽어 보았지만 정작 내가 한가지 길에 열정을 바쳐 살아온 제조기술에 대해서는 이렇다 할 책이나 간행물을 경험할 수 없어 안타까웠다. 제조기술에 젊음을 바친 외길 인생이 "나 혼자만의 사랑이었나?" 하는 생각이 들면서 무엇인가 나의 삶의 일부를 정리하여 보고 싶은 충동이 생겼다. 비록 제조기술이란 것이 세상에 널리 알려지지 않은 부문이지만 많은 사람들이 이 길을 걸어 갔고 지금도 앞으로도 이 길을 걸어가는 사람들이 있어야 하기 때문에 거기에서 존재의 가치를 찾을 수 있다고 판단했다.

대한민국이 오늘날처럼 제조산업이 번창하여 수많은 세계 1등 제품을 탄생시킨 Back Ground에는 제품개발 못지않게 제조기술의 발전이 있었다는 것은 주지의 사실이다. 제품을 생산하는 노하우 역시 세계 1류가 아니면 불가능한 일이기 때문이다.

이제 우리는 초일류 제조기술을 보유한 도요타 자동차를 뛰어넘어 우리만의 자랑스러운 생산방식을 보유하고 이를 바탕으로 세계 제조산업을 이끌어가야 할 책임과 능력을 갖추었다. 제품만이 1등이 아니고 물건을 만드는 혼과 철학에 있어서도 Follower의 위치를 넘어서 Global Leader로 우뚝 서게 되는 날을 기대하며 이 책이 그 위치를 확보하는데 조그만 밀씨 하나가 되었으면 하는 바람이다.

끝으로 이 책을 만들기까지 바쁜 시간에도 불구하고 자료연구에 많은 도움을 주신 지인들, 그 중에서도 늘 가까이서 특별한 용기와 아이디어를 함께 나눈 친구 종렬, 종철이 그리고 물심양면 배려해 주신 MK 김, SH 김 두 대표님께 고맙다는 말씀 드린다.

마지막으로 근 1년간을 묵묵히 기다려준 나의 가족에게도 고맙다는 말을 전하고 싶다.